COMMISSION DU SERVICE GÉOLOGIQUE DU PORTUGAL

# ESSAI SUR LA TECTONIQUE
# DE LA
# CHAÎNE DE L'ARRABIDA



PAR

PAUL CHOFFAT

LISBONNE
IMPRIMERIE NATIONALE
1908

# OUVRAGES PUBLIÉS

PAR LA

# COMMISSION DU SERVICE GÉOLOGIQUE DU PORTUGAL

COMMISSÃO GEOLOGICA, 1857-1868. — SECÇÃO DOS TRABALHOS GEOLOGICOS, 1869-1886. — COMMISSÃO DOS TRABALHOS GEOLOGICOS, 1886-1892
DIRECÇÃO DOS TRABALHOS GEOLOGICOS, 1892-1899. — DIRECÇÃO DOS SERVIÇOS GEOLOGICOS, 1900-1907

## MÉMOIRES

### TECTONIQUE ET GÉOLOGIE APPLIQUÉE

**Estudos geologicos:** — Memoria sobre o abastecimento de Lisboa com aguas de nascente e aguas do rio, por Carlos Ribeiro. 4.°, 115 pag. Lisboa, 1867. Épuisé.

**Étude géologique du tunnel du Rocio, contribution à la connaissance du sous-sol de Lisbonne**, par Paul Choffat. Avec un article paléontologique par J. C. Berkeley Cotter et un article zoologique par Albert Girard. 4.°, 106 pag., 7 pl. Lisbonne, 1889.

**Essai sur la Tectonique de la Chaîne de l'Arrabida**, par Paul Choffat. Lisbonne, 1908. 4.°, 89 pag., 10 pl.

### FLORE FOSSILE

**Flora fossil do terreno carbonifero das vizinhanças do Porto, Serra do Bussaco e Moinho d'Ordem proximo a Alcacer do Sal** (Flore fossile du terrain carbonifère des environs du Porto, Serra de Bussaco et Moinho d'Ordem près d'Alcacer do Sal), por Bernardino Antonio Gomes. 4.°, 44 pag., 6 est. Lisboa, 1865. (Avec traduction en français).

**Contributions à la Flore fossile du Portugal**, par Oswald Heer. 4°, 47 pag., 29 pl. Lisbonne, 1881.

**Monographia do genero Dicranophyllum** (Systema carbonico), por Wenceslau de Lima. 4.°, 14 pag., 3 est. Lisboa, 1888. (Avec traduction en français).

**Nouvelles contributions à la Flore mésozoïque**, par le marquis de Saporta, accompagnées d'une **Notice stratigraphique**, par Paul Choffat. 4°, 288 pag., 40 pl. Lisbonne, 1894.

### VERTÉBRÉS FOSSILES

**Contributions à l'étude des Poissons et des Reptiles du Jurassique et du Crétacique**, par H. E. Sauvage. 4°, 48 pag., 10 pl. Lisbonne, 1897-1898.

### PALÉOZOIQUE

**Terrenos paleozoicos de Portugal.** — Sobre a existencia do terreno siluriano no Baixo-Alemtejo (Sur l'existence du terrain silurien dans le Baixo-Alemtejo), por J. F. N. Delgado. 4.°, 35 pag., 2 est. 1 carta. Lisboa, 1876. (Avec traduction en français). Épuisé.

**Estudo sobre os Bilobites e outros fosseis das quartzites da base do systema silurico de Portugal.** (Étude sur les Bilobites et autres fossiles des quartzites de la base du Système silurique du Portugal), por J. F. N. Delgado. 4.°, 114 pag., 43 estampas, sendo 3 de formato duplo. Lisboa, 1885. (Avec traduction en français).

— **Supplemento.** (Supplément) por J. F. N. Delgado. 4.°, 75 pag., 12 estampas, sendo 2 de maior formato. Lisboa, 1888. (Avec traduction en français).

**Fauna silurica de Portugal.** — Descripção de uma forma nova de Trilobite, Lichas (Uralichas) Ribeiroi, por J. F. N. Delgado. 4.°, 31 pag., 6 est. Lisboa, 1892. (Avec traduction en français).

— Novas observações acêrca de Lichas (Uralichas) Ribeiroi, por J. F. N. Delgado. 4.°, 24 pag., 4 est. Lisboa, 1897. (Avec traduction en français).

### JURASSIQUE

**Étude stratigraphique et paléontologique des terrains jurassiques du Portugal**, par Paul Choffat. 1re liv. Le Lias et le Dogger au Nord du Tage. 4°, 72 pag. Lisbonne, 1880.

**Description de la Faune jurassique du Portugal.**

— Céphalopodes, par P. Choffat. 1re sér., Ammonites du Lusitanien de la contrée de Torres-Vedras. 4°, 82 pag., 20 pl., 1893.

— Mollusques Lamellibranches, par Paul Choffat. Premier ordre, Siphonida. 1e livraison. 4°, 39 pag., 9 pl., 1893.

— Deuxième ordre, Asiphonida. 1e livraison. 4°, 36 pag., 10 pl. Lisbonne, 1885. — 2e livraison, 40 pag., 10 pl., 1888.

— Échinodermes, par P. de Loriol. 4°, 179 pag., 29 pl. Lisbonne, 1890-1891.

— Polypiers du Jurassique supérieur, par F. Koby, avec une **Notice stratigraphique**, par Paul Choffat. 4°, 168 pag., 30 pl. Lisbonne, 1904-1905.

### CRÉTACIQUE

**Recueil de Monographies stratigraphiques sur le Système crétacique du Portugal**, par Paul Choffat.

Première étude. Contrées de Cintra, de Bellas et de Lisbonne. 4°, 68 pag., 3 pl. Lisbonne, 1885.

Deuxième étude. Le Crétacique supérieur au Nord du Tage. 4°, 287 pag., 11 pl. Lisbonne, 1900.

ESSAI SUR LA TECTONIQUE

DE LA

# CHAÎNE DE L'ARRABIDA

COMMISSION DU SERVICE GÉOLOGIQUE DU PORTUGAL

# ESSAI SUR LA TECTONIQUE

DE LA

# CHAÎNE DE L'ARRABIDA

PAR

**PAUL CHOFFAT**

LISBONNE
IMPRIMERIE NATIONALE
1908

# AVANT-PROPOS

Le mot Arrabida s'applique spécialement à un ancien couvent de moines franciscains, qui se trouve sur le versant méridional du sommet le plus élevé de la chaîne (le Formosinho, 499 mètres), mais la désignation de Serra da Arrabida est appliquée soit à la montagne du Formosinho, soit à l'ensemble de la chaîne, qui est un des rares massifs montagneux du Portugal ayant un nom d'ensemble.

Cette chaîne, ou plutôt ces débris d'une chaîne, qui forme le bord méridional de la presqu'île de Setubal, s'étend de Palmella au cap d'Espichel, suivant une direction générale de E.N.E à W.S.W.

Elle n'a donc qu'une longueur de 35 kilomètres, et sa largeur moyenne est de 6 kilomètres; mais nonobstant ces dimensions restreintes, elle présente tout un traité de géologie, autant par sa structure que par suite des nombreux changements de facies des strates qui la composent.

Son étude détaillée est encore à faire, surtout au point de vue de la stratigraphie paléontologique; elle nécessitera un séjour relativement long, car de nombreux points des falaises ne peuvent être atteints que difficilement, soit par terre, soit par mer, et demandent souvent une dépense de temps hors de proportions avec la distance parcourue, car les gîtes sont rares et éloignés les uns des autres; enfin, dans les ravins de la partie centrale se trouvent des fourrés[1] assez denses pour rendre l'observation fort difficile et parfois même impossible, ce qui est surtout regrettable pour certains contacts.

---

[1] C'est grâce aux mesures énergiques et désintéressées de la maison de Palmella que les ravins du flanc nord et du flanc sud de l'Arrabida ont conservé des forêts ayant résisté à la destruction systématique, et qui, avec quelques domaines royaux, permettent de se rendre compte de la végétation forestière autochtone de la partie médiane du Portugal.

Dans l'Arrabida, ces forêts présentent un intérêt particulier, à cause du caractère tranché entre le noyau de la montagne, exclusivement calcaire, et les collines de matériaux détritiques, généralement très argileuses, qui le bordent au Nord et à l'Est.

Dans ces dernières, l'essence principale est le pin *(Pinus Pinaster* et *Pinus Pinea)*, qui manquent complètement dans le massif calcaire. Il est accompagné d'un certain nombre d'espèces, énumérées plus bas; et c'est probablement grâce à la sélection par l'homme qu'elles n'y sont pas plus abondantes.

Les ravins du noyau calcaire, tant au Nord qu'au Sud, présentent des forêts séculaires, où la sélection ne paraît jouer aucun rôle, et qui disparaîtraient à jamais si on en permettait l'exploitation.

Sur les points où l'humus a pu se rassembler, elles sont surtout formées d'énormes Philarias *(Phillyrea latifolia)*, dont le tronc atteint souvent 0m,50 de circonférence, de laurier tin *(Viburnum Tinus)*, d'oliviers sauvages *(Olea silvestris)*, de chênes kermès *(Quercus coccifera)*, de chênes à feuilles caduques *(Quercus lusitanica)*, d'arbousiers *(Arbutus Unedo)*, de bruyères arborescentes *(Erica arborea, E. lusitanica)*, etc.

Les parties les plus sèches contiennent principalement l'arbousier, un genèvrier *(Juniperus phoenica)* et le caroubier *(Ceratonia Siliqua)*.

Pour compléter l'aspect algarvien de cette flore, ajoutons que quelques exemplaires de palmier nain ont échappé à la destruction par les cultures, dans le domaine de Commenda. (Voyez J. Daveau, *Promenades botaniques aux environs de Lisbonne*, Bull. de l'Herbier Boissier, 1889; *Le Palmier nain et le Caroubier en Portugal*, Soc. d'horticulture, etc., de Montpellier, 1899, etc.).

C'est avec un vif plaisir que j'exprime ma reconnaissance à MM. José Antonio Fernandes, à Azeitão, et Frederico Fernandes, à Portinho-da-Arrabida, pour l'hospitalité qu'ils m'ont offerte à différentes reprises. Cette hospitalité est du reste bien connue de tous les visiteurs de la contrée.

J'ai aussi à remercier mes savants confrères de Paris et de la Suisse pour le bienveillant accueil qu'ils m'ont fait lorsque j'eus l'occasion d'exposer une partie de ces observations à la Société géologique de France et, cette année même, à la Société helvétique des Sciences naturelles.

Mes remerciments sont aussi dûs au président du Service géologique, Mr. J. F. Nery Delgado pour les facilités qu'il a accordées à la publication de ce travail, à Mr. Pedro Guedes, dessinateur du Service, et à Mr. Wuhrer, pour les soins mis à l'exécution des planches.

Ce mémoire contient quatre cartes réduites de celles de l'État-Major, au 20.000$^e$; ce sont: une carte tectonique de l'ensemble de la chaîne au 80.000$^e$, une carte de l'extrémité orientale au 25.000$^e$; les environs de Cezimbra au 20.000$^e$ et les environs du cap d'Espichel au 40.000$^e$.

Il est évident que toute la ligne des falaises, depuis le cap d'Espichel jusqu'à Outão, demanderait à être représentée au 20.000$^e$ pour pouvoir figurer ses nombreuses complications, mais le manque de temps et d'autres motifs m'ont limité aux cartes précitées.

Les régions qui ne sont pas représentées à grande échelle contiennent quelques noms cités dans le texte, que l'on ne trouvera qu'en consultant les cartes topographiques; je n'ai pas pu éviter cet inconvénient.

Octobre, 1907.

# BIBLIOGRAPHIE

## a) Cartes topographiques et hydrographiques

**NEVES COSTA (JOSÉ MARIA DAS).—Carta topographica militar do terreno da peninsula de Setubal.** 1813-1816.—Escala 3000 braças por um palmo (1:30.000).

Cette carte n'est pas d'une exactitude rigoureuse et le relief est fort confus, par suite de la mauvaise exécution des hachures. Elle est néanmoins fort utile, car elle contient des désignations de montagnes et de lieux dits qui n'ont été qu'en partie reproduites dans la carte chorographique et dans celle de l'État-Major, ce qui est regrettable, car leur présence dans ces documents, surtout dans ce dernier, les aurait fixées définitivement.

**Carta chorographica de Portugal.**—Direcção Geral dos Trabalhos Geodesicos do Reino.—Escala 1:100.000. Equidistancia 25 metros. Folhas 27 e 28, publicadas em 1862.

**Plano hydrographico desde o cabo da Roca até Cezimbra,** etc.—Direcção Geral dos Trabalhos Geodesicos do Reino, 1882.—Escala 1:50.000.—Un carton contient la baie de Cezimbra à l'échelle de 1:20.000.

A l'occasion des études sur le port de Lisbonne, il a été publié une deuxième édition de cette carte, avec le tracé en bleu des lignes bathymétriques de 5 en 5 mètres jusqu'à la profondeur de 170 mètres, et les lignes 200, 250, 300 et 400, pour le fossé faisant face à l'étang d'Albufeira. Elle ne porte pas de titre spécial, et la même date de 1882.

**Plano hydrographico da barra e porto de Setubal,** levantado em 1884 pela 5.ª Repartição da Direcção Geral da Marinha. Lisboa 1903.

Sondages de l'embouchure du Sado, s'étendant jusqu'à S. Penedro; le terrain n'est pas figuré.

**Carta dos arredores de Lisboa.**—Corpo do Estado Maior.—Escala 1:20.000. Equidistancia 10 metros. Folhas 74 a 77 e 79 a 81.—1901 a 1905.

Pour certains points dont la tectonique est tout spécialement compliquée, cette carte est insuffisante, soit comme échelle, soit comme exactitude. On ne doit pas oublier que c'est un levé rapide, fait dans un but militaire, et il ne faut pas lui demander plus que les auteurs n'ont eu en vue.

### b) Publications géologiques

1801.—**LINK**—**Geologische und mineralogische Bemerkungen auf einer Reise durch das südwestliche Europa, besonders Portugal.**—Rostock 1801, pag. 81–87.

1820.—**ESCHWEGE**—**Nachrichten aus Portugal und dessen Colonien, mineralogischen und bergmännischen Inhaltes.**—Braunschweig 1820, pag. 61–63.

1831.— ——**Memoria geognostica, ou golpe de vista do perfil das estratificações das differentes rochas de que é composto o terreno desde a Serra de Cintra até a Serra da Arrabida.**—(Memorias da Academia, tomo XI, parte I, pag. 253–271, est. I).

— ——**Appendice. Sobre os Hippurites**, pag. 271–280, est. II e III.

— ——**Additamentos**, por *Al. Ant. Vandelli*, pag. 281–308.

1837.—**Memoria geognostica. Prospecto geognostico dos arredores de Setubal.**—(Memorias da Academia, t. XII, parte I, pag. 53–63).

Le premier de ces mémoires a paru en allemand, sans les notes de Vandelli, dans le vol. V des *Archives* de Karsten (1832); la *Note sur les hippurites* ayant paru dans le vol. IV. La planche de profils de l'édition allemande n'a subi que quelques simplifications sans importance.

1841.—**SHARPE (DANIEL)**—**On the geology of the neighbourhood of Lisbon.** (Transactions of the Geol. Soc. of London, t. VI, sections n^os^ 1, 9, 11, 12 et 13).

1866.—**RIBEIRO (CARLOS)**—**Descripção do solo quaternario das bacias hydrographicas do Tejo e Sado.**—(Commissão geologica). In-4.°.

1866 et 1867.— ——Feuilles 27 et 28 de la Carte chorographique, au 100.000^e^, coloriées géologiquement, lithographiées en couleur, sans courbes de niveau.

Elles portent les mentions: à gauche «Trabalho geologico de Carlos Ribeiro» et à droite «Na Commissão geologica. Feio e Firmino, gr. em 1866» (et 1867).
Les mêmes feuilles avec courbes ont été imprimées avec les contours géologiques et les monogrammes, mais sans couleurs.

1867.— ——**Note sur le quaternaire en Portugal.**—(Bull. Soc. Géol. France, t. XXIV, 1867, pag. 692).

1872.— ——**Descripção da costa maritima comprehendida entre o cabo de S. Vicente e a foz do rio Douro.**—(Revista de Obras Publicas e Minas, t. III, pag. 390–395).

1880.—**CHOFFAT (PAUL)**—**Le Lias et le Dogger au Nord du Tage.**—(Service géologique, Lisbonne. In-4.°).

1882.— ——**Note sur les vallées tiphoniques**, etc.—(Bull. Soc. Géol. France, 3^e^ série, t. X).

1884.— ——**De l'impossibilité de comprendre le Callovien dans le Jurassique supérieur.**—(Communicações, t. I).

1885.— ——**Sur la place à assigner au Callovien.**—(Idem).

1894.—**CHOFFAT (PAUL)—Notice stratigraphique sur les gisements de végétaux fossiles dans le Mésozoïque du Portugal** (2.ª partie des «Nouvelles Contributions à la Flore fossile du Portugal» par le marquis de Saporta).—Service géologique, Lisbonne. In-4.°

1896.— —— **Traits généraux de la géologie des contrées mésozoïques du Portugal.**—(Revista de Obras Publicas e Minas, XXVII).

1896.— ——**Coup d'œil sur les mers mésozoïques du Portugal.**—(Vierteljahrsschrift Nat. Ges. Zurich, XLI).

1896.— ——**Sur les dolomies des terrains mésozoïques du Portugal.**—(Communicações, t. III).

1897.— ——**O calcareo no solo portuguez.**—(Congresso viticola nacional, vol. II, 10 pag., 6 mappas).

1898.—**COSTA (A. J. MARQUES DA).—Estudos sobre Troia de Setubal.**—(O Archeologo Português, IV).

1899.—**DELGADO (J. F. N.) E CHOFFAT.—Carta geologica de Portugal.**

1900.—**CHOFFAT.—Aperçu de la Géologie du Portugal.**—(Le Portugal au point de vue agricole).

1901.— ——**Notice préliminaire sur la limite entre le Jurassique et le Crétacique en Portugal.** (Bull. Soc. Belge Géol. etc., t. XV).

1903.— ——**L'Infralias et le Sinémurien du Portugal.**—(Communicações, t. V).

1903.—**COTTER (J. C. Berkeley).—Esquisse du Miocène marin portugais** (Mollusques tertiaires du Portugal, par Dollfus, Cotter et Gomes).—Service géologique, Lisbonne. In-4.°

1904.—**CHOFFAT.—Les tremblements de terre de 1903 en Portugal.**—(Communicações, t. V).

1904.— ——**Le Crétacique dans l'Arrabida et dans la contrée d'Ericeira.**—(Communicações, t. VI).

1904.—**CHOFFAT ET DOLLFUS.—Quelques cordons littoraux marins du Pleistocène du Portugal.**—(Bull. Soc. Géol. France, t. IV, pag. 739 à 753, et Communicações, t. VI).

1904.—**SCHLUMBERGER ET CHOFFAT.—Note sur le genre Spirocyclina Munier-Chalmas, et quelques autres genres du même auteur.**—(Bull. Soc. géol. France, t. IV, et Communicações, t. VI).

1905.—**CHOFFAT.—Supplément à la description de l'Infralias et du Sinémurien en Portugal.**—(Communicações, t. VI).

1905.— ——**Notice stratigraphique sur les gisements à Polypiers du Jurassique portugais.**—(Description de la faune jurassique. Polypiers par F. Koby). Service géol., Lisbonne. In-4.°

1905.— ——**Pli-faille et chevauchements horizontaux dans le Mésozoïque du Portugal.**—(Comptes-rendus Ac. Sc. Paris, 31 juillet, 1905).

1906.— ——**Sur la tectonique de la chaine de l'Arrabida entre les embouchures du Tage et du Sado.**—(Bull. Soc. Géol. France, 23 avril, 1906, 4ᵉ série, t. VI, pag. 237).

1907.— ——**Notice sur la carte hypsométrique du Portugal.**—(Communicações, t. VII).

2

*
* *

Le premier géologue ayant donné des renseignements sur l'Arrabida est probablement **LINK,** qui voyagea en Portugal de 1797 à 1799. Les cinq pages qu'il lui consacre (81–85) dans l'extrait de ses observations géologiques sont une description géognostique, dans laquelle sa préoccupation est de trouver la superposition du grès, du calcaire et du lignite, qu'il signale au cap d'Espichel.

Le baron d'**ESCHWEGE** parcourut l'Arrabida au point de vue minier, du 28 Octobre au 3 Novembre 1807, et laissa ses impressions dans quelques pages de ses **Nachrichten aus Portugal,** publiées en 1820.

Il y est certainement retourné depuis lors, et avant de quitter Lisbonne, il fit un extrait de ses notes de voyage et les remit à Al. Ant. Vandelli [1], avec mission de les publier dans les mémoires de l'Académie.

Il admet que le calcaire formant la montagne est du **Zechstein,** et qu'il repose sur un grès rouge qu'il considère comme «**Rothliegendes**». Ce profil, très fantaisiste au point de vue du relief, n'est donc qu'une simple curiosité historique. Il est pourtant à remarquer que son auteur avait reconnu le parallélisme du Miocène (qu'il nomme **Grobkalk**) à Lisbonne, à Almada et dans le contrefort au Nord de l'Arrabida, car c'est évidemment par confusion de désignation qu'il place le val de Pixaleiro au Nord de ce contrefort. Il signale aussi la roche éruptive de Cezimbra et les lambeaux de gypse qui l'accompagnent. Le mémoire géognostique sur les environs de Setubal, publié en 1837, reproduit les mêmes erreurs.

**DANIEL SHARPE** a publié cinq profils de l'Arrabida en 1841, mais les confusions de superposition et de parallélisme leur font perdre toute valeur.

Notons cependant qu'il signale, au Sud de Palmella, un affleurement de «Espichel limestone» correspondant certainement à la carrière de calcaire sinémurien que je mentionnerai plus loin.

L'Arrabida fut le but des premières études de **CARLOS RIBEIRO,** après la création de la Commission géologique. Il y fit un long séjour en 1857, puis il y retourna pour quelques jours pendant les trois années suivantes.

Il eût été préférable de commencer par des contrées dont la tectonique soit moins compliquée et la stratigraphie paléontologique plus normale.

C. Ribeiro consignait ses observations jour par jour [2], mais il n'en a pas fait la synthèse, ce qui est surtout regrettable pour ses premières opinions qui ont dû être grandement modifiées par l'étude des terrains mésozoïques du reste de l'Estremadure, dont il ne connaissait d'abord qu'une faible partie.

Il a colorié géologiquement les feuilles de la carte Neves Costa et celles de la carte au 100.000^e^. Ces dernières ont été imprimées par l'ancienne Commission géologique, mais elles n'ont pas été distribuées [3], C. Ribeiro y ayant reconnu des erreurs qu'il a lui-même signalées [4].

La principale était, à ses yeux, l'attribution au Quaternaire des graviers du Pliocène et du Miocène lacustre, ce qui ne cadrait plus avec ses idées sur l'homme tertiaire.

---

[1] Voyez la note de Vandelli, en tête de ses remarques sur les Mémoires d'Eschwege, t. XI, pag. 282.

[2] Ces cahiers sont conservés par Mr. Delgado.

[3] Ces cartes ont figuré à l'Exposition Internationale de Paris en 1867. Voyez *Portugal — Catalogue descriptif de la Collection des minerais utiles, acompagné d'une note sur l'industrie minérale du pays,* par J. A. C. das Neves Cabral, Paris 1867, pag. 4.

[4] *Sur les silex taillés découverts dans les terrains miocènes et pliocènes du Portugal.* (Compte-rendu du Congrès International d'Anthropologie, etc. Bruxelles 1873).

Malgré la petitesse de son échelle, la **Carte Géologique du Portugal** de 1876 rend compte des minutes de C. Ribeiro sur l'Arrabida.

Il n'admet comme Lias que les affleurements de Cova-da-Mijona et de Cezimbra; le reste du Jurassique n'y porte qu'une seule teinte, sauf le Portlandien, figurant comme Crétacique dans ses minutes, et comme Valdense dans la carte de 1876. Dans cette dernière, on a omis d'indiquer l'affleurement crétacique de Cezimbra, quoique C. Ribeiro l'ait parfaitement reconnu.

Il a, en outre, publié quelques observations sur le quaternaire de la chaîne, une description de la ligne de rivage [1], et celle du Pliocène de son pourtour [2].

C. Ribeiro a fait faire par les collecteurs de l'ancienne Commission géologique des séries de récoltes de roches et de fossiles, partant en général du bord de la mer et se terminant à la bande crétacique. Ces récoltes étaient faites avec tout le temps désirable, en brisant la roche lorsque les fossiles ne se montrent pas à la surface. Elles sont conservées dans les collections du Service géologique et constituent des documents précieux, en ce qu'ils contiennent des faunules qui demanderaient un temps considérable pour être découvertes et récoltées, mais il n'est en général pas possible de connaître le point exact d'où elles proviennent, et la superposition des différents numéros est souvent douteuse.

Lorsque j'arrivai en Portugal, je commis la même erreur que Carlos Ribeiro en débutant par l'Arrabida, où je passai huit jours en 1879 et quinze en 1881. Depuis lors j'y ai fait à plusieurs reprises des études de géologie appliquée: eaux, ciment, gypse et alluvions aurifères; quoique ces excursions ne durassent qu'un ou deux jours, elles m'ont pourtant permis de combler quelques lacunes, mais ce n'est qu'à la fin de 1905 et au commencement de 1906 que j'ai pu consacrer quelques semaines à l'étude tectonique de l'ensemble de la chaîne et lever les petites cartes publiées.

J'ai écrit une description stratigraphique de l'Arrabida en 1881, mais je l'ai laissée dans mes cartons, en attendant que l'étude du reste du Portugal me permette une synthèse générale. Des extraits partiels ont été publiés occasionnellement dans les mémoires cités à la liste bibliographique; cette liste ne comprend pas les ouvrages purement paléontologiques, contenant des fossiles de cette région [3].

Mentionnons encore les indications relatives au Miocène, par Mr. **BERKELEY COTTER** [4], diverses notices archéologiques, montrant des mouvements oscillatoires du sol, postérieurs au quaternaire, et même de l'époque romaine [5], et enfin quelques remarques sur l'effet des tremblements de terre à Setubal [6].

---

[1] *Descripção da costa maritima*, etc.

[2] *Descripção do solo quaternario*, etc.

[3] Les végétaux jurassiques ont été décrits par Oswald Heer, les vertébrés jurassiques et crétaciques par Mr. Sauvage, les Echinodermes de ces deux périodes et du Tertiaire par Mr. de Loriol, les Polypiers du Jurassique supérieur par Mr. Koby; enfin, j'ai fait connaître quelques Gastropodes crétaciques et des Lamellibranches des deux périodes, tandis que les mémoires du Dr. Pereira da Costa contiennent des espèces miocènes.

[4] Berkeley Cotter, 1903.

[5] Marques da Costa, 1898. — Choffat et Dollfus, 1904.

[6] Choffat, 1904.

# PREMIÈRE PARTIE

## COMPOSITION DU SOL

Un fait d'une haute importance doit être signalé en premier lieu: c'est que les strates du Malm supérieur et du Crétacique montrent, de l'Ouest à l'Est, une substitution graduelle des calcaires marins par des grès et des conglomérats. Cette substitution prouve la proximité d'un rivage oriental auquel on peut aussi attribuer les différences de facies que présentent les autres étages, dans la même direction, quoiqu'il n'y ait pas apport de matériaux charriés.

D'après leur composition et leur rôle architectonique, les roches sédimentaires de cette contrée peuvent se diviser en neuf massifs, de puissance et d'importance fort différentes.

Les trois premiers sont formés par des dépôts chimiques, sauf les argiles, les trois suivants (Néo-Jurassique, Crétacique et Oligocène), par des matériaux charriés, sauf partiellement pour les deux premiers, à l'extrémité occidentale. Il y a de nouveau prédominance des calcaires dans les parties inférieure et moyenne du Miocène, tandis que le Tortonien et le Pliocène voient le retour presque exclusif des matériaux charriés.

1 — Infralias. — Marnes rouges, gypsifères, à aspect de Keuper, avec bancs de dolomies peu compactes n'affleurant que dans l'anticlinal de Cezimbra, au pied du monoclinal d'Ares, dans les anticlinaux de la chaîne São Luiz — Gaiteiros et peut-être au Viso.

Elles semblent avoir favorisé les glissements horizontaux qui les ont réduites à des lambeaux très minces, sauf dans l'anticlinal de Cezimbra.

2 — Lias et Bajocien. — Dolomies et calcaires siliceux, plus ou moins foncés, formant des escarpements regardant surtout du côté du Sud. Dans les deux lignes méridionales, elles contiennent, vers le milieu, une assise de marnes jouant un peu le même rôle que l'Infralias. — Puissance: 400 à 700 mètres.

3 — Bathonien et Lusitanien. — Calcaires blancs, formant principalement le versant nord des montagnes. — Puissance 300 à 400 mètres.

Entre le cap d'Espichel et Cezimbra, il faut y ajouter d'abord la totalité du Malm supérieur, soit 600 à 750 mètres de calcaires avec marnes subordonnées, puis sa base seulement.

4 — Néo-Jurassique. — Marno-calcaires, calcaires et grès subordonnés, à l'extrémité occidentale, se transformant peu à peu vers l'Est en un complexe détritique d'une grande puissance, dont la base est formée par des conglomérats fortement cimentés en bancs alternant avec des marnes.

Tandis que les termes précédents se sont succédés régulièrement et ne présentent pas de signes d'interruptions dans la sédimentation, sauf peut-être à la base du Bathonien, le Néo-Jurassique semble s'être déposé parfois directement sur le Bathonien dans la première ligne de dislocations et même sur les dolomies dans la Serra de São Luiz. Les cailloux formant ces conglomérats augmentent de grosseur vers l'Est. Ils sont en partie formés de roches paléozoïques, et en partie de calcaires mésozoïques prouvant la destruction de montagnes situées à l'Est ou au Sud.

Au Nord des noyaux plus anciens des deux premières lignes de dislocations, le Néo-Jurassique présente la plus grande surface formée par un même terrain, et il en est de même au Nord de la 3e ligne.

5 — Crétacique. — Graviers, marno-calcaires et calcaires à l'extrémité occidentale; l'ensablement gagne peu à peu du côté oriental, où l'ensemble est réduit à des graviers représentant le Valanginien.

6 — Oligocène. — Marnes avec conglomérats sans fossiles ayant localement au sommet des calcaires sans fossiles jouant le même rôle que les suivants.

Le massif détritique, § 4 à 6, a environ 1000 mètres de puissance au pied du Formosinho.

7 — Miocène inférieur et moyen. — Calcaires jaunâtres, purs ou arénacés, avec marnes et sables subordonnés.

8 — Tortonien. — Sables avec graviers, et localement marnes rouges. Cet étage a généralement été détruit par l'érosion, même antérieurement au Pliocène; il en a été préservé par le renversement des anticlinaux de São Luiz — Gaiteiros.

9 — Pliocène. — Graviers argileux et sables formant le plateau entourant la chaîne au Nord et à l'Ouest, et quelques lambeaux à l'intérieur.

Dans les pages qui suivent, je décris les terrains au point de vue de leurs rapports avec la tectonique, sans entrer dans les détails de la stratigraphie paléontologique.

---

## ROCHES ÉRUPTIVES, GYPSE, DOLOMIES, MÉTAMORPHISME

Roches éruptives[1]. — De nombreux dikes et filons se trouvent dans le triangle compris entre les deux dislocations de Cezimbra (Pl. II). Ils sont surtout fréquents dans les marnes infraliasiques, mais se trouvent en dikes tout aussi importants dans les grès marneux du Jurassique supérieur et dans les grès grossiers du Crétacique, tandis qu'ils sont très rares dans les calcaires.

---

[1] La roche de Cezimbra a été rapportée par Mac-Pherson à la *Teschénite* (*Note sur les vallées tiphoniques*, etc., par P. Choffat; *Description des roches*, par Mac-Pherson, 1882). MM. Lacroix et Rosenbusch, qui en ont eu des échantillons, ont fait des références à cette roche, en la maintenant sous la même dénomination.

En 1882, j'ai attribué à la même espèce le grand filon encaissé dans le Lias du monoclinal d'Ares, dont je n'avais que des échantillons de surface, décomposés. Depuis lors, l'exploitation souterraine du gypse au lieu dit «Boiças» m'a permis de recueillir des échantillons plus compacts, que Mr. J. P. Gomes a déterminés comme *porphyre augitique* (Choffat, *Infralias*, 1903, pag. 81).

Quelques filons qui traversent le Jurassique et le Crétacique au cap d'Espichel ont été déterminés provisoirement par Mr. Vicente de Souza-Brandão comme: *Teschénite, Spilite?* et *Camptonite* (Choffat, *Crétacique*, 1904, pag. 17) mais son étude définitive terminée, il a reconnu l'utilité d'en faire le type d'une nouvelle famille à laquelle il donne la dénomination de *Espichellites*. Il y rattache aussi les deux filons à l'Est du triangle de Cezimbra. (V. de Souza-Brandão, *Les espichellites, une nouvelle famille de roches de filons, au cap d'Espichel*, in Annaes scientificos da Academia Polytechnica do Porto, vol. II, 1907, pag. 30).

A l'Ouest du triangle de Cezimbra, je ne connais que trois filons avant le cap d'Espichel[1], mais ils paraissent plus fréquents dans les falaises de la côte occidentale de ce dernier point[2].

A l'Est de ce triangle, je n'en connais que deux; l'un, fortement décomposé, se trouve à la fabrique de savon de Sant'Anna, donc tout près du triangle, tandis que l'autre, près d'El-Carmen, est à une distance de 6 kilomètres.

Il est certain qu'il en existe davantage, mais ils sont difficilement visibles parce que la roche se décompose profondément et qu'ils se trouvent en général dans les couches marneuses. Je ne crois pourtant pas que leur plus grande fréquence dans les falaises marno-calcaires du cap ne soit qu'apparente, et simplement due à ce que les strates y sont mieux découvertes. En tous cas la rareté des filons éruptifs en dehors du triangle de Cezimbra est un fait incontestable.

Dans ce triangle, la roche éruptive est encore plus abondante que ne l'indique la carte. Beaucoup de terres cultivables ne le sont que grâce à la facilité de décomposition de la teschénite; cette décomposition est parfois complète, tandis que sur d'autres points il subsiste des masses sphéroïdales, très dures.

Les filons et les dikes accompagnent généralement les bancs de dolomie de l'Infralias, auxquels ils semblent parfois se substituer; il n'est pas rare de voir la protubérance, provenant d'un banc de dolomie, continuer sous forme d'un affleurement teschénitique. Sur plusieurs points, la roche éruptive se trouve entre les marnes infraliasiques et le calcaire liasique ou lusitanien: dans ce dernier cas, la présence d'une faille est incontestable.

Les deux plus grandes masses de roche éruptive dans les marnes infraliasiques se trouvent immédiatement au Sud de Sant'Anna, mais une masse tout aussi considérable traverse les grès crétaciques au moulin de «Sete caminhos».

Sur le bord de l'aire infraliasique, nous remarquons en premier lieu le filon couche, d'une longueur de plus de deux kilomètres, compris entre les deux assises inférieures de calcaire sinémurien; il se substitue à un banc de marne rouge analogue à celle de l'Infralias.

A part ce filon et ceux qui se trouvent au S.W. de Sant'Anna, dans les calcaires dolomitiques au contact de la dislocation, les calcaires ne contiennent presque pas de roche éruptive; je n'en connais que trois affleurements, de petites dimensions. Deux accompagnent la faille secondaire à l'extrémité de la colline de Forca et au château, et le troisième se trouve au bord de la mer, dans le ravin qui sépare la montagne de Pedrógão de celle du Burgao.

Elle est par contre abondante dans les marnes néo-jurassiques et les grès crétaciques remplissant le milieu du triangle.

Gypse. — Les marnes infraliasiques contiennent de nombreuses plaques de gypse fibreux, coloré en rouge ou en noir; c'est surtout le cas vers la partie supérieure des marnes, au S.E. et au S.W. de Sant'Anna. Dans cette dernière direction, nous le trouvons abondant au Sud de Fonte-Esquerda, au contact du Jurassique supérieur.

Ce gypse impur est actuellement exploité au bord de la mer, près de la fabrique de guano; on n'y rencontre que rarement des masses pouvant servir pour constructions.

Une masse de gypse de bonne qualité pour cet usage, quoique de couleur grise avant la cuisson, était exploitée souterrainement en 1896 au lieu dit «Boiças», 700 mètres au S.S.E. de Sant'Anna. Actuellement la galerie d'accès et le puits sont effondrés. J'ai donné quelques renseignements sur ce gisement[3] qui n'était séparé des calcaires sinémuriens que par un filon de roche éruptive. L'emplacement est indiqué dans la carte par la lettre G.

Je ne suis pas à même de dire si ce gypse est contemporain des marnes, ou s'il s'y est formé postérieurement, lors de l'intrusion de la roche éruptive. Dans ce dernier cas, il devrait aussi se rencontrer auprès des dikes traversant le Jurassique supérieur, je ne l'y ai pourtant vu que sur un

---

[1] Un premier se trouve à l'embouchure du ruisseau de Cavallo, un deuxième à 800 mètres à l'Ouest du fort de Baralha et le troisième à 1 kilomètre au N.N.W. (Voyez les cartes de Cezimbra et du cap d'Espichel).

[2] Voyez la carte des environs du cap, pag. 42, et leur énumération dans: *Crétacique de l'Arrabida*, pag. 16.

[3] *Supplément à la description de l'Infralias*, pag. 134.

seul point et en très faible quantité; c'est au bord de la mer, dans le gisement classique du fort de Cavallo [1].

Je reproduis ci-dessous les figures données en 1880.

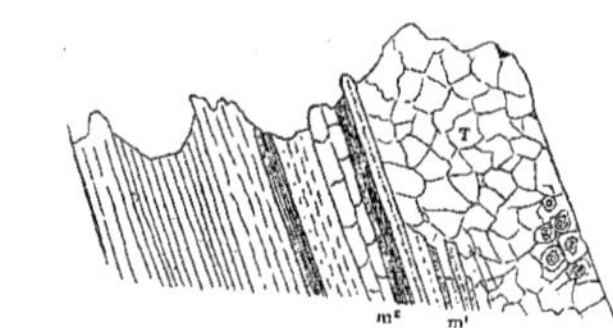


Fig. 1. — Vue-coupe de l'affleurement occidental

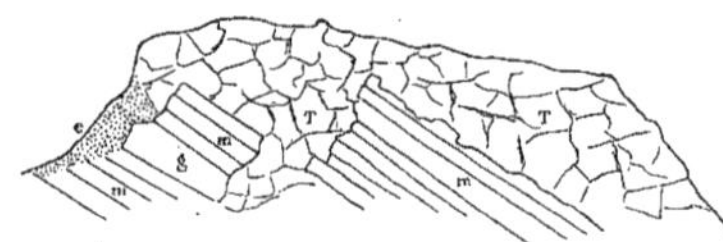


Fig. 2. — Vue coupe de l'affleurement oriental
T. Teschénite. — g. Gypse. — e. Eboulis. — m. Jurassique supérieur formé par une alternance de marnes, de calcaires et de grès

Dolomies dans le Jurassique supérieur. — Un fait qui complique la géologie de la partie occidentale de l'Arrabida est la présence, au milieu des calcaires blancs du Lusitanien, de dolomies saccharoïdes, analogues à certains bancs du complexe liasico-bajocien, sans qu'il y ait contact avec des roches éruptives.

Ces dolomies sont puissantes à l'Ouest du fort de Baralha (2700 mètres à l'Ouest du cap d'Espichel); elles alternent avec des calcaires lusitaniens, fossilifères, et contiennent de nombreux polypiers, ainsi que des Stromatoporides et des Nérinées.

Sur le prolongement du décrochement transversal d'Azoia, les calcaires lusitaniens contiennent deux bandes étroites de dolomies, transversales à la direction des strates (Carte d'Espichel, pag. 42, lettre m, entre le ruisseau de Mareta et la cote 143).

Nous en voyons d'autres masses, de dimensions beaucoup plus restreintes, à la colline de Cintrão, au château de Cezimbra, à la colline de Forca et à 1600 mètres au N.W. de cette ligne, à l'extrémité des calcaires formant le flanc N.W. de l'anticlinal du château (Pl. II et fig. 8, p. 46-bis). Dans ces différents points, le calcaire parfaitement normal passe latéralement à la dolomie.

Je décrirai ces gisements dans la description de cette dernière région.

Lorsque les filons sont en contact avec le calcaire, ce dernier prend généralement une couleur très foncée ou noire, sans qu'il y ait transformation en dolomie; il ne semble donc pas que cette dolomitisation soit due aux roches éruptives.

D'un autre côté, elle ne se manifeste pas sur les points où les failles ont le plus grand rejet, par exemple où l'Infralias est au contact des calcaires lusitaniens.

Ce serait plutôt sur les points où les calcaires ont agi les uns contre les autres, mais les dénivellements sont si faibles que cette explication ne me semble pas probante, je croirais plutôt à une origine sédimentaire.

---

[1] Ce gisement se trouve en réalité à un kilomètre au N.E. du fort, de chaque côté de l'embouchure du ruisseau du Juncal (voyez la carte).

# SÉRIE SÉDIMENTAIRE

## Infralias[1]

Cet étage ne se présente normalement que dans les environs de Cezimbra, où il a une grande puissance, aussi bien au pied de la faille d'Ares que dans l'anticlinal du Château (Carte, pl. II; profil II, pl. I et profils de Cezimbra, p. 46-*bis*).

Il est formé par des marnes rouges ou bigarrées, analogues à celles du Keuper, avec intercalation de bancs de dolomies généralement cloisonnées, et de gypse en lits ou en amas parfois considérables, ce qui semble être particulièrement le cas au pied de la faille précitée; du moins ce n'est que là que sa puissance a pu être constatée, à la suite d'essais d'exploitation.

Il n'est guère possible de discerner la superposition des strates, au milieu de cette alternance de bancs de marnes, de dolomies et de teschénites, en général verticaux.

La recherche de fossiles dans les dolomies intercalées dans les marnes gypsifères n'a eu lieu que sur quelques points entre Fonte-Esquerda et le lieu dit «Padeiro». Les fossiles se sont montrés sur tous ces points, aussi bien sur les bords de l'affleurement qu'à son centre.

Ce sont des lumachelles, parfois micacées, comme au Nord du Tage, composées d'*Isocyprina* et d'*Avicula*, mélangés par places à de nombreux *Homomya cuneata* Boehm. Les Gastropodes n'y sont représentés que par un individu de *Cylindrobulina Sharpei* Boehm.

Ces quelques données, jointes au recouvrement par le Sinémurien inférieur, suffisent parfaitement pour fixer l'âge hettangien de ces marnes.

Il y a donc une analogie avec l'Algarve, où des marnes bigarrées gypsifères sont régulièrement superposées à des calcaires à faune hettangienne.

Au pied de la faille d'Ares les marnes gypsifères sont recouvertes par un banc de dolomie compacte surmonté par un banc de marne rouge, remplacé sur presque toute la longueur de l'affleurement par une roche éruptive (porphyre augitique d'après Mr. J. P. Gomes). Le banc de dolomie précité a fourni quelques fossiles qui semblent plutôt le rapporter au Sinémurien inférieur qu'à l'Hettangien. Sa teneur en magnésie est de 18,44 pour cent, donc un peu inférieure à celle de la dolomie type[2].

Les axes des anticlinaux de São Luiz et de Gaiteiros (Pl. III et VI), montrent des marnes rouges et bleues, plus dolomitiques que celles de Cezimbra, et qui au Nord de la Chapelle de S. Luiz et dans les ravins de Boqueirão, de S. Paulo et de Capuchos, sont recouvertes par des plaquettes à *Isocyprina* paraissant hettangiennes.

Au-dessus des calcaires sinémuriens de Baixa-de-Palmella et dans le ravin contigu, se trouvent des masses de gypse avec marnes qui semblent être du même âge que celles de Cezimbra. Je ferai par contre des réserves au sujet des marnes rouges avec gypse, du champ de tir, ne pouvant pas me prononcer sur leur âge.

Des marnes se trouvent aussi dans l'axe de l'anticlinal du Viso (Pl. IV), mais je ne puis rien affirmer à leur sujet; elles sont à peine découvertes, et les dolomies qui les surmontent n'ont pas fourni de fossiles. Il est néanmoins fort probable qu'elles représentent l'Infralias, car les seules strates marneuses pouvant leur ressembler sont les marno-calcaires à Gervillies, qui paraissent ne pas exister sous cette forme dans la Serra de S. Luiz.

L'axe du Formosinho (pl. V) est formé par des marno-calcaires dolomitiques avec marnes rouges et bleues, que l'on retrouve au pied des falaises maritimes, depuis les roches de «Tres-irmãs»

---

[1] Voyez: *Vallées tiphoniques* et *Supplément à l'Infralias*, pag. 133 et 141; J. Boehm, *Description de la faune des couches de Pereiros* (Communicações, t. V, pag. 1); Choffat, *L'Infralias et le Sinémurien*, etc. (Idem, pag. 49).

[2] Choffat, Dolomies, 1896.

jusque vers Foz-do-Fojo et depuis Cosinhadoiro jusqu'au cap d'Ares (Calhao-da-Cova). Des fossiles trouvés près de «Tres-irmãs» et au-dessus du convent de l'Arrabida, montrent que l'on a affaire, non pas à un facies moins argileux de l'Infralias, mais aux marnes à Gervillies qui appartiennent soit à la base du Bajocien, soit au toit des couches à Pecten pumilus.

Au cap d'Ares, ces couches forment du reste la continuation de l'affleurement qui s'étend régulièrement sur le flanc de la montagne d'Ares.

## Complexe dolomitique et siliceux

(Du Sinémurien au Bajocien)

Ce complexe forme les falaises maritimes sur presque toute leur longueur, depuis le cap Espichel jusqu'à Outão, n'étant substitué par le calcaire lusitanien ou le Bathonien que sur de faibles distances, comme on le verra dans la description des accidents composant la chaîne.

Il forme dix affleurements (carte pl. I): cap d'Espichel, horst de Baralha, Cova-da-Mijona, montagne d'Ares, falaises du Risco et du Solitario, flanc méridional du Formosinho, noyau du Viso, serra de S. Luiz, lambeaux au pied des collines de Gaiteiros et de Palmella.

**Cezimbra.**—Ce n'est qu'à la montagne d'Ares que ce complexe se montre dans toute son épaisseur, compris normalement entre les marnes infraliasiques et le Bathonien (Pl, I, profil II).

Il est du reste presque complet dans la baie de Cova-da-Mijona, quoique les marnes infraliasiques n'y affleurent pas.

Montagne d'Ares.—J'ai mentionné le Lias de cette montagne en 1880 et en 1882, puis l'ai décrit dans ma notice sur l'Infralias de 1903, mais cette coupe est à substituer à partir de couche 2 par la coupe plus complète publiée en 1905. (Supplément, pag. 134).

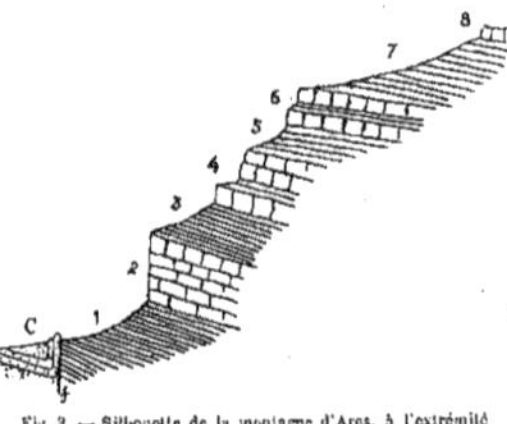


Fig. 3. — Silhouette de la montagne d'Ares, à l'extrémité de l'affleurement infraliasique, près de la mer (fabrique de guano)

La légende suivante se rapporte aussi au profil II de pl. I.

(Les lettres entre parenthèses correspondent à la description de 1905).

1. Marnes gypsifères.
2. Sinémurien inférieur.
3. Marnes rouges, remplacées plus au Nord par un filon de porphyre augitique.
4. Sinémurien moyen (couches D à F de 1905).
5. Marno-calcaires à Brachiopodes (Sinémurien supérieur, Charmouthien et Toarcien inférieur (couches G à J).

Toarcien inférieur et Bajocien — 6. (Couches K à N) *Pecten pumilus*.

7. (Couche O) Marno-calcaires à *Gervilleia*.
8. Calcaires gris, alternant avec des bancs de dolomie cristalline.
9. Bathonien.— Calcaire gris-clair, ayant à la base une brèche avec parties plus foncées.
10. Calcaires blancs, très compacts, avec bancs grisâtres. Ils forment une dépression avec emposieux et quelques lapiés. Fossiles assez fréquents dans quelques bancs: Nérinées, Lamellibranches, parmi lesquels: *Elygmus polytypus* et *Rhynchonella Hopkinsi* avec passages vers *Rh. decorata* et vers *Rh. concinnoides*, ces derniers très abondants.

C. Crétacique, en contact avec l'Infralias par la faille (f).

Ce complexe est formé par des calcaires dolomitiques et siliceux, généralement compacts, par exception marneux et en bancs minces. Les fossiles sont en général rares, et ne sont visibles qu'en brisant la roche, sauf dans une série de couches à Brachiopodes de 10 à 20 mètres de puissance, contenant de nombreux fossiles se montrant à la surface du sol. La faune du reste du complexe est presque uniquement formée de Lamellibranches, avec quelques rares Gastropodes. On trouvera des détails lithologiques et paléontologiques sur la coupe de Cezimbra dans le Supplément à l'Infralias (1905, pag. 133). Au point de vue géognostique, on peut diviser ce complexe en cinq massifs:

*a*) Calcaires inférieurs[1].—(Sinémurien inférieur, Sinémurien moyen et partie du Sinémurien supérieur). Calcaires en bancs minces à la base, plus massifs vers le haut. Puissance 120 mètres à Cezimbra et probablement autant à Cova-da-Mijona.

*b*) Marno-calcaires à Brachiopodes.—[Partie supérieure du Sinémurien, Charmouthien et Toarcien inférieur (voyez *Supplément*, pag. 135)]. Puissance 10 à 20 mètres. Ils forment une dépression bien sensible, autant à Cova-da-Mijona qu'à la montagne d'Ares.

*c*) Calcaires à Pecten pumilus.—Toarcien supérieur et Aalénien. Puissance approximative 100 à 150 mètres.

*d*) Marno-calcaires à Gervilleia, formant une large dépression parallèle à celle des couches à Brachiopodes: Cova-da-Mijona et montagne d'Ares, mais se trouvant en outre à la base des falaises, depuis ce dernier point jusqu'à Cosinhadouro, et depuis Foz-do-Fojo jusqu'aux récifs des Tres-Irmãs et en plus dans l'axe de l'anticlinal du Formosinho.

Dans ces derniers gisements, elles semblent plus argileuses que dans la montagne d'Ares, ce qui tient peut-être à ce qu'elles y sont mieux découvertes, par suite de glissements.

*e*) Dolomies avec intercalations de calcaires blancs vers le sommet.

La puissance totale du complexe supérieur aux couches à Brachiopodes est considérable car, en me basant sur des profils construits, assurément sujets à erreur, je leur trouve 235 mètres à Cova-da-Mijona (fig. 6), et 500 à 700 mètres à la montagne d'Ares.

**Formosinho** (Pl. v). — D'après ce qui précède, il semblerait que les couches à Gervillies formant le noyau de l'anticlinal du Formosinho, l'Aalénien ne doit pas s'y montrer, et pourtant d'anciennes récoltes faites au N.W. de Portinho contiennent quelques échantillons de *Pecten pumilus;* je n'en ai pas retrouvé le gisement, mais je n'ai pu y consacrer qu'un temps fort restreint. Les couches à Gervillies sont bien visibles depuis le Nord du Mont' Abrão jusqu'à S. João-do-Deserto. Elles sont recouvertes par des calcaires siliceux très durs, gris ou gris rosé, qui, à une cinquantaine de mètres de la base, ont fourni des *Nerinella, Trigonia cfr. costata,* des *Modiola* et des moules d'Oursins. Une faunule analogue a été trouvée dans les dolomies en contact avec le Malm sur le chemin du couvent.

Au-dessous du Bathonien se trouve une dolomie saccharoïde peu cohérente, blanchâtre, surmontée d'une dolomie rose intense, très compacte, comme c'est le cas à la Serra de S. Luiz.

De même qu'à Cezimbra, les calcaires blancs, à aspect bathonien, alternent à leur base avec des assises dolomitiques, ce qui peut facilement induire en erreur. D'après les profils, la puissance du complexe dolomitique ne semble pas dépasser 400 mètres.

**São Luiz et Gaiteiros** (Pl. vi et profil 1 de pl. i).—La présence de fossiles dans les dolomies est toujours l'exception, plusieurs carrières n'en ont pas fourni malgré l'abondance de la pierre brisée. Les termes que j'indique forment donc une série interrompue.

Sinémurien inférieur.—La carrière de Baixa-de-Palmella, dont les strates sont probablement renversées, est ouverte dans des calcaires siliceux, très durs, avec silex aplatis. Les bancs supérieurs sont assez épais, ils recouvrent des dalles ayant fourni des empreintes de *Mytilus, Avicula, Pecten textorius, Plicatula, Diademopsis? Thecocyathus,* ce qui comparativement à Cezimbra correspondrait soit à l'Hettangien supérieur, soit au Sinémurien inférieur.

Des strates lithologiquement analogues forment l'éperon de Boqueirão et le pied sud des calcaires de S. Luiz sur presque toute sa longueur. Au N.W. de la chapelle de S. Luiz, ils reposent sur des marnes rouges avec plaquettes chargées d'*Isocyprina*.

---

[1] Comme je l'ai exposé en 1903, il est possible que les strates les plus inférieures soient à rapporter à l'Hettangien, mais dans le cours de cet ouvrage, je passerai sur ce doute, ne rattachant à cet étage que les dolomies comprises dans les marnes.

Vers l'extrémité de l'avancement du massif dolomitique, entre Pena et la chapelle de S. Luiz, les calcaires à silex sont en partie en dalles minces et en partie en feuillets ondulés.

Lias moyen.—Au-dessus des calcaires durs, siliceux, du Sinémurien, se trouvent des dolomies plus ou moins tendres, quoique formant aussi des escarpements. Sur quelques points du S. Luiz, elles ont donné des fossiles ne pouvant en général pas être déterminés spécifiquement, vu leur état de conservation, mais permettant pourtant de reconnaître une faune liasique.

*Gastropodes*, très rares, *Pholadomya*, *Protocardia*, *Pinna*, *Modiola*. *Pachymytilus*, *Avicula*, *Pecten* (lisses et costulés), *Lima*, *Terebratula* (moules aussi larges que hauts, sans plis frontaux, rappelant la forme de certains exemplaires non frangés de *Terebratula Ribeiroi*), *Diadema?* et *Balanocrinus* très rares. Par ses Pholadomyes et ses Térébratules, cette faune rappelle le Sinémurien supérieur; la présence de *Pachymytilus* et la nature de la roche montrent une analogie avec le Lias de S. Thiago-de-Cacem, beaucoup plus grande que ce n'est le cas à Cezimbra.

Ce niveau se rencontre dans la partie occidentale du pied sud de la montagne, et dans toute la partie orientale jusque vers le bord septentrional, au S.E. de Casal-Galaipos. Les points ayant fourni le plus de fossiles sont à 600 mètres au N.E. de Casal do Rego-d'Agua, 300 mètres au N. de la chapelle de S. Luiz, 600 mètres au N. de Casal da Pena, 500 mètres S.S.W. du Casal das Aparadas.

Couches à Pecten pumilus.—Le Lias moyen ne m'est pas connu des affleurements dolomitiques de Serra dos Gaiteiros, tandis que les couches à Pecten pumilus y sont largement représentées. La roche est une dolomie beaucoup plus compacte que celle du Lias moyen, de couleur plus claire, blanc rosé ou blanc jaunâtre; elle a été utilisée sur de nombreux points pour la fabrication de la chaux. Les fossiles sont beaucoup plus abondants et mieux conservés, que dans le Lias moyen; les principaux sont: *Nerinella*, *Lucina*, *Trigonia cfr. costata*, *Arca cfr. Hirsonensis*, *Pecten pumilus* (très abondant), *Thecosmilia*, etc.; au S. Luiz s'y joignent quelques moules de Térébratules. Dans cette dernière montagne, on peut constater que ces couches ont une certaine puissance et que, vers la partie supérieure se trouve un banc passant du rose pâle au jaune intense, contenant de nombreuses Gervillies, atteignant une grande taille, mais différant pourtant de celles du Bajocien de Cezimbra.

Je ne connais pas de couches fossilifères entre ce niveau et le complexe marino-saumâtre, inférieur au Bathonien, qui contient aussi des dolomies rose intense comme au Formosinho. Le complexe liasico-bajocien du S. Luiz présente donc un facies bien différent de celui du Formosinho. Je n'ai que des données très vagues sur sa puissance, qui ne serait que d'une centaine de mètres pour le Sinémurien et le Lias moyen, peut-être même en y comprenant les couches à Pecten pumilus.

**Viso** (Pl. IV).—Au milieu de la vallée se trouve un terrain plat, emplanté de vignes, élargi artificiellement, mais il est facile de constater que la majeure partie présente un sol rouge provenant de couches meubles. Un puits, d'une quinzaine de mètres de profondeur, a été foncé dernièrement au milieu de cette vigne; les déblais qui en proviennent montrent des morceaux de marne rouge-brun et des marno-calcaires verdâtres, tandis qu'un petit fossé, sur le bord septentrional de la vigne, laisse voir des dolomies feuilletées, verticales, alternant avec une marne verdâtre.

Ce petit affleurement de marnes est entouré de trois côtés par des *dolomies compactes*, qui semblent lui succéder normalement du côté nord.

Une recherche rapide dans les marnes et dans les dolomies n'a pas fourni de fossiles, mais le recouvrement par le Bathonien et les caractères pétrographiques ne laissent pas de doute sur l'attribution des dolomies aux roches analogues du reste de la chaîne; quant aux marno-calcaires, ce que l'on peut voir de leurs caractères pétrographiques les rapprocherait plutôt des marno-calcaires à Gervillies que des marnes infraliasiques.

## Bathonien [1]

Le Bathonien est composé de calcaires, en général très blancs et très compacts, dont la partie supérieure forme des masses puissantes, tandis que la base est divisée en bancs relativement peu épais, qui peuvent faire confusion avec le Lusitanien.

Dans la moitié occidentale de la chaîne, la partie supérieure du complexe siliceux contient des calcaires grisâtres, à aspect lusitanien, puis elle passe à un calcaire blanc, à aspect bathonien, recouvert par de nouvelles assises dolomitiques. Je ne sais pas où placer la limite, car ce n'est qu'au-dessus de 50 mètres de calcaire bathonien que j'ai trouvé les premiers fossiles.

Des strates intermédiaires se trouvent aussi au Viso et au S. Luiz, elles présentent des caractères de formation saumâtre. Je les range provisoirement avec le Bathonien, pour des motifs de cartographie, mais elles représentent évidemment une partie du Bajocien.

Après avoir parlé des calcaires lusitaniens, je mentionnerai les analogies qu'ils présentent avec ceux du Bathonien.

**Cezimbra.** — D'après le profil de Cezimbra à Pedreiras (Pl. I et fig. 3), le Bathonien bien caractérisé aurait une puissance totale de plus de 200 mètres. La partie inférieure, ne contenant que de rares fossiles, aurait une centaine de mètres; suivent 70 mètres avec rognons de silex blanchâtres et une faune relativement abondante, puis 50 mètres étant de nouveau pauvres en fossiles.

La faune est principalement formée de Lamellibranches, les Brachiopodes ne sont représentés que par 4 espèces, mais l'une d'entre elles, *Rhynchonella Hopkinsi*, joue un rôle prépondérant par son abondance.

Le Callovien manque, à moins qu'il ne soit représenté par le grand développement du Bathonien, comme je l'ai admis dans la publication précitée.

**São Luiz.** — Complexe marino-saumâtre inférieur aux calcaires blancs. — La crête du S. Luiz présente la coupe suivante, commençant à 120 mètres à l'Ouest du signal; les strates plongent vers l'Est, d'abord sous un angle de 20°, puis de 10° (Voyez le profil longitudinal pl. I, fig. 1). Il ne semble y avoir que 15 à 20 mètres de dolomies entre la base de ce complexe et les calcaires jaunes à *Pecten pumilus* et *Avicula*.

C. 1. — Calcaire dolomitique rose, compact à la base, qui contient de nombreux *Neritina* de petite taille [2], un peu marneux à la partie supérieure qui, en plus des *Neritina*, a fourni une empreinte de *Cerithium*, de nombreux *Cyrena*, des *Protocardia*, *Nucula*, *Modiola* et *Avicula*.

C. 2. — Calcaire dolomitique blanc jaunâtre, très compact, empâtant des fossiles non déterminables, de très petite taille.

C. 3. — Calcaire très dur, finement cristallin, jaune et rose.

C. 4. — Calcaire jaune, grenu, à nombreuses *Nucules* de petite taille.

C. 5. — Dolomie à gros cristaux, vacuolaire, jaune et rose, dolomie farineuse jaune, et calcaire dur, translucide, couleur de miel pâle.

C. 6. — Calcaire rose, jaune par altération, avec lits marno-calcaires ayant à la surface de nombreux *Nerinella* de petite taille, et quelques *Corbula* (?) et *Avicula*. Cette couche affleure à 30 mètres à l'Ouest du signal et à 100 mètres au N.N.W., où elle est beaucoup plus fossilifère.

C. 7. — Dolomie rose (signal).

C. 8. — Calcaire gris.

C. 9. — Calcaire dolomitique blanc.

---

[1] Voyez: *De l'impossibilité de comprendre le Bathonien*, etc. (Communicações, t. I, pag. 78).

[2] Dans le *Supplément*, pag. 143, la base de ce banc est signalée par erreur comme se trouvant à 200 mètres à l'Ouest du signal, au lieu de 120.

C. 10. — Calcaire blanc, très compact, à aspect de Bathonien (70 mètres à l'Est du signal). Ce calcaire plonge vers l'Est sous un angle de 50°, et bute contre la dolomie bajocienne.

Dans la vallée qui occupe le centre de l'anticlinal du **Viso**, les calcaires bathoniens reposent aussi sur un complexe dolomitique à apparence saumâtre, mais qui n'a pas encore fourni de fossiles. Ce sont des dolomies caverneuses, des calcaires à taches noires, et des marnes gris jaune, à apparence saumâtre, que l'on confondrait facilement avec celles du complexe saumâtre de la base des conglomérats du Malm.

Les calcaires blancs du **S. Luiz**, que leur superposition fait rapporter au Bathonien, présentent la même structure qu'au Viso, mais je n'y ai pas rencontré de Rhynchonelles. L'affleurement formant l'extrémité occidentale du massif n'a fourni que des coupes de Nérinées; celui du signal a fourni de belles Néritines, à 50 mètres au N.W., et de nombreux moules de *Corbis* à 250 mètres au Nord. Je les crois bathoniens, tandis qu'à 650 mètres au N.E. du même signal se trouve une roche un peu grenue, avec nombreux *Anisocardia* avec test, ayant l'aspect de Malm.

Ce gisement, indiqué dans la carte par un astérisque, est sur le bord oriental du ravin qui aboutit au four à chaux à l'Ouest de Casal-Galaipos. Or, depuis l'autre flanc, on voit que cette couche passe sous une carrière de calcaire massif, très compact, ayant les caractères du Bathonien.

Les autres affleurements de calcaires blancs du S. Luiz n'ont pas fourni de fossiles et n'ont pas l'aspect du Lusitanien; il semble donc que cet étage n'y est pas représenté.

Les calcaires blancs n'affleurent pas dans la **Serra de Gaiteiros**.

**Viso.** — Le complexe saumâtre est représenté par des dolomies caverneuses avec marnes; on a l'impression de se trouver devant une formation saumâtre, mais je n'y ai pas rencontré de fossiles. Il contient en outre des bancs de calcaire blanc, à aspect bathonien.

Il est surmonté par des calcaires blancs, compacts, massifs à la partie supérieure, tandis que la moitié inférieure est divisée en bancs de un mètre et moins, séparés par des marnes verdâtres avec concrétions globulaires de calcaire noir ou gris. Ces marnes m'ont fourni un moule de *Natica*, deux petites bivalves, *Ostrea costata* Sow., et *Rhynchonella concinnoides*. Les calcaires compacts contiennent quelques Nérinées et des Rhynchonelles assez nombreuses, pouvant être rapportées à *Rh. Hopkinsi* et à *Rh. concinnoides*.

L'épaisseur totale est de 70 mètres, les calcaires massifs en occupant à peu près la moitié.

## Jurassique supérieur

Sauf les généralités données en 1896, 1897 et 1900, je n'ai parlé que du passage du Bathonien au Malm (1884), et des lits à fossiles saumâtres (description des Unios, et 1904).

Pétrographiquement et paléontologiquement, le Malm de l'Arrabida se divise en deux massifs bien distincts: le Lusitanien, massif calcaire formant géognostiquement un tout avec le Bathonien, à peu près identique d'un bout à l'autre de la chaine, et le Néo-Jurassique[1] formé de marno-calcaires avec calcaires et grès subordonnés à l'extrémité occidentale, mais se transformant vers l'Est en un massif de conglomérats.

Le LUSITANIEN se divise pétrographiquement et paléontologiquement en trois massifs.

1° — Couches à Pseudodiadema conforme (Ag.) — Calcaires en lits minces, un peu marneux, avec quelques bancs épais.

[1] Dans les *Nouvelles contributions à la Flore fossile du Portugal*, 1894, Saporta a introduit le terme de Néo-Jurassique pour désigner l'ensemble du Malm supérieur, dont la flore présente un caractère nouveau, la reliant au Crétacique, bien différent de celui du Lusitanien. J'ai employé ce terme de Néo-Jurassique, dans le même sens, dans mes publications successives, tandis que Mr. de Lapparent l'applique en 1906 (*Traité de géologie*, 5e édition, p. 1082) à la totalité du Malm.

La faune est abondante; quelques espèces proviennent du Bathonien, sans modifications spécifiques, d'autres sont suffisamment modifiées pour porter une désignation différente, et d'autres formes sont nouvelles. Je ne cite que les formes les plus importantes, en faisant précéder d'un astérisque celles qui débutent dans le Bathonien, et d'une croix celles qui y ont leur niveau principal.

| | | |
|---|---|---|
| | *Natica rupellensis* d'Orb | 3 |
| * | *Nerinea Desvoidyi* d'Orb | 2 |
| * | *Nerinea*, sp. nov | 5 |
| † | *Pholadomya Murchisoni* Sow | 1 |
| | *Ceromya*, modifications de *C. concentrica* vers *C. excentrica* Ag | 4 |
| | *Cyprina Arrabidensis* sp. nov | 5 |
| * | *Isocardia striata* d'Orb | 2 |
| | *Cardium dissimile* Sow | 5 |
| | *Lucina rugosa* (Ag.) | 2 |
| | *Mytilus jurensis* Mer | 3 |
| † | *Mytilus asper* M. et L. | 1 |
| | *Mytilus cfr. subpectinatus* d'Orb. | 2 |
| | *Perna subfoliacea* sp. nov. | 3 |
| | *Ostrea pulligera* Goldf. | 1 |
| | *Anomia Buvignieri* sp. nov. | 3 |
| | *Acrosalenia Delgadoi* P. de L. | 2 |
| | *Acrosalenia venusta* P. de L. | 1 |
| | *Pseudodiadema conforme* (Ag.) | 4 |

Ajoutons pour compléter ce tableau que les Brachiopodes, les Stromatoporidés et les Polypiers font presque entièrement défaut. Les premiers ne sont représentés que par une espèce extrêmement rare, du type de *Terebratula curvifrons* Desl., que je me propose de publier sous le nom de *T. Broteroi*.

2° — Couches médianes.

Calcaires compacts, en bancs épais, contenant quelques fossiles des couches encaissantes.

3° — Couches à Rhynchonella Arrabidensis.

Calcaires en bancs d'épaisseur moyenne, séparés par des lits marno-calcaires contenant une énorme quantité de fossiles. C'est une faune beaucoup plus variée que les précédentes, caractérisée principalement par les formes suivantes: *Nérinées* (5), *Purpuroidea gigas* (Et.) (5), *Pholadomya Delgadoi* Choff. (4), *Opis Fontanesi* sp. nov. (3), *Ostrea pulligera* Goldf. (5), *Terebratula*, sp. nov. (5), *Zeilleria pseudoantiplecta* sp. nov. (5), *Rhynchonella Arrabidensis* sp. nov. (5), *Stromatoporidae* (5), *Acrosalenia tenella* Ag. (2), *A. Ribeiroi* P. de L. (2), *A. Marcoui* Ag. (1), *Monodiadema Cotteaui* P. de L. (4), *Hemicidaris Lusitanicus* P. de L. (5), *H. Arrabidensis* P. de L. (1).

Les calcaires lusitaniens ont près de 200 mètres de puissance au milieu de la chaîne, tandis qu'ils ne semblent pas atteindre 100 mètres au Viso.

Le NÉO-JURASSIQUE comprend le Complexe marino-saumâtre, le Ptérocérien et le Portlandien.

Au cap d'Espichel (pl. VIII, vue 2), il est formé par des couches marines, marno-calcaires, avec bancs de calcaires et de grès subordonnés, mais en se dirigeant vers l'Est, on voit les grès et les marnes prendre le dessus au détriment des calcaires, et, à partir de Serra do Risco, des conglomérats puissants envahissent la base, puis la totalité de la série, tandis qu'une faune saumâtre se substitue à la faune marine, et est elle-même substituée par une faune limnique. La partie médiane du complexe marino-saumâtre conserve pourtant des calcaires marins jusqu'à Outão, tandis qu'au Viso et à S. Luiz, les conglomérats et les marnes ont tout envahi.

L'étude du complexe marino-saumâtre amènera à la connaissance de faits d'un grand intérêt au point de vue de la succession de faunes diverses et de facies qui changent pour ainsi dire à chaque pas.

Ce que j'en ai vu me porte à admettre que des couches calcaires, avec nombreuses Nérinées de grande taille, de grands Stromatoporidés et quelques Polypiers, sont intercalées entre deux massifs saumâtres [1].

Cette composition est bien visible au pied nord du Formosinho, où des dépressions longitudinales correspondent au niveau saumâtre inférieur; mais, tandis que le facies marneux et saumâtre du massif inférieur s'accentue vers l'Est, il diminue vers l'Ouest, où je ne l'ai reconnu que par des taches noires dans les calcaires et par la présence de *Paludines*, de *Neritoma bisinuata*, de *Cyrena securiformis*, etc.

Ce niveau inférieur semble disparaître sur plusieurs points, de sorte que les calcaires du complexe marino-saumâtre se confondent orographiquement avec les calcaires lusitaniens. C'est ainsi que je m'explique le fait qu'à l'Ouest de Cezimbra (profil II, pl. I) la puissance des calcaires du Malm est au moins double de ce qu'elle est à l'Est. Ces calcaires, qui forment les collines du château, de Pedrógão, de Picoto-do-Cavallo, de Cintrão, et du fort de Cavallo, contiennent de nombreux Stromatoporidés et des Nérinées; au fort de Cavallo et près de Zambujal, elles contiennent aussi *Terebratula Bieskidensis*, qui n'a pas été trouvé sur d'autres points de l'Arrabida [2].

Il en serait de même des calcaires noirs de l'extrémité septentrionale de la colline de Forca, et des dolomies du château et de l'Ouest du fort de Baralha, qui contiennent des Stromatoporidés bien reconnaissables, malgré la dolomitisation.

Il en résulte une contradiction entre la partie occidentale et la partie orientale de la carte géologique. Dans la moitié occidentale, il est presque impossible de tracer une limite entre les calcaires lusitaniens et ceux du complexe marino-saumâtre (cette limite fausserait du reste le rôle orographique des calcaires), tandis qu'elle s'impose dans la partie orientale.

Le *Niveau saumâtre inférieur* s'accentue vers l'Est, offrant des assises puissantes de marno-calcaires gris, exploités à Outão pour la fabrication du ciment.

Au pied du Formosinho et à Outão, ces marno-calcaires contiennent une faune saumâtre très variée.

Au pied nord du S. Luiz, la faune a un caractère limnique accentué, et n'est presque composée que de *Neritina* et *d'Unio*; de petits Opistobranches la relient seuls aux couches saumâtres d'Outão.

C'est ici le cas de rappeler une faune exclusivement limnique appartenant aux anciennes collections du Service géologique, que j'ai déjà signalée à plusieurs reprises [3].

Elle fait partie d'une coupe intitulée «Da Serra de S. Luiz à Quinta-Nova». Cette dernière localité est une ferme située sur le Tertiaire, au Sud-Est du S. Luiz. Le n° 1 est donc bien de la montagne; c'est un calcaire dolomitique avec Néritines, analogue à celui que j'ai mentionné à 30 mètres à l'Ouest du signal, mais le n° 2 est une brèche grise, paraissant appartenir aux conglomérats du Malm, contenant une jolie faune limnique: *Paludina, Neritina, Unio, Limnea* et *Planorbis*, avec quelques plantes terrestres fort délicates.

Je n'ai pas retrouvé ce gisement dans la montagne de S. Luiz; je ne le crois pas en connection avec les couches à Néritines et Cyrènes du pied du signal, qui me semblent incontestablement antérieures au Bathonien.

Au-dessus de ce massif argileux, à couleur grise dominant, se trouve un complexe de conglomérats à ciment rouge, alternant avec des bancs de marne rouge et des bancs de grès fins ayant l'apparence de grès ptérocériens.

Notons que les marno-calcaires gris sont peu puissants dans la colline du Viso, et que les premiers bancs de conglomérats contiennent plus de ciment de calcaire blanc que de cailloux. On hésite parfois à les attribuer aux calcaires ou aux conglomérats.

---

[1] Voyez le tableau, page 27.

[2] Carlos Ribeiro a fait faire trois coupes à travers la colline de Pedrógão, sans rencontrer d'autres fossiles que des Nérinées, des Natices et des débris de Trichites qui semblent appartenir à *Trichites Saussurei*, du Ptérocérien, plutôt qu'à *Tr. Lusitanicus*, du Lusitanien.

[3] *Faune jurassique. Asiphonidae*, 1885, pag. 6. *Notice stratigraphique sur les végétaux fossiles*, etc., 1894, pag. 243.— Ces fossiles ont été recueillis en 1864. Mr. Delgado n'a pas les cahiers de notes de C. Ribeiro de cette année, qui indiquent peut-être la provenance exacte.

En général, les cailloux formant les conglomérats sont d'abord exclusivement calcaires, puis ils se chargent de quartzites, deviennent de plus en plus petits et la roche passe à une marne rouge, arénacée, ayant vers le haut des bancs jaunes de calcaire rosé et verdâtre et des grès rouges ressemblant à ceux du Ptérocérien.

L'absence de fossiles laisse dans le doute sur l'attribution de ces couches supérieures au Jurassique ou au Crétacique; j'expliquerai les différences après avoir parlé de ce dernier système.

Au Nord du S. Luiz et du Gaiteiros, un banc du milieu du complexe est formé par des cailloux calcaires atteignant la grosseur d'une tête d'homme; entre Commenda et Outão, les cailloux calcaires atteignent $0^m,30$ et les quartzites, $0^m,20$; ces derniers sont plus arrondis que les calcaires. Je n'ai pas observé d'aussi grandes dimensions plus à l'Ouest.

Les cailloux provenant du Jurassique sont de nature et de couleurs très variées. Les uns paraissent provenir du massif dolomitique, des silex blancs sont probablement bathoniens, tandis que la majeure partie provient du Jurassique supérieur. Ce sont des calcaires passant du blanc au jaune, au rouge intense et au gris presque noir, donnant l'aspect bigarré aux marbres dits «brèches de Portugal»; on y voit des coupes de mollusques et de polypiers. Une plaque offerte au Service géologique par Mr. Moreira Rato, marbrier bien connu à Lisbonne, contient un cailloux de grès dont je ne connais pas l'origine.

Il en ressort incontestablement que d'énormes quantités de Jurassique, s'étendant probablement du Lias au Lusitanien, ont été détruites pour former le Malm supérieur conjointement avec des matériaux provenant des terrains paléozoïques. Les calcaires blancs et jaunes ont leurs analogues dans l'Arrabida, mais je n'y connais pas les calcaires rouges et noirâtres [1] qui prédominent pourtant dans les conglomérats. D'après la grosseur des matériaux, leur lieu de provenance est du côté oriental, mais ils ne nous disent pas si les montagnes détruites se trouvaient au N.E., au S.E. ou directement à l'Est.

Au N.E. du Forte-Velho, près de Setubal, se trouve un banc de conglomérat contenant de gros cailloux de dolomie peu consistante, qui n'ont certainement pas supporté un charriage prolongé.

J'ignore si c'est à l'érosion ou à des dislocations que l'on doit attribuer les recouvrements lacuneux qui se présentent surtout dans la moitié occidentale de la chaîne; par exemple, l'amincissement et la disparition du Bathonien et du Lusitanien entre Azoia et le cap, de sorte que le Néo-Jurassique repose directement sur les dolomies. Au Cabeço-do-Jaspe, à l'Ouest de Portinho, les conglomérats reposent directement sur le Bathonien, tandis que le Lusitanien se trouve dans le ravin de Foz-do-Fojo qui lui est contigu.

Ptérocérien et Portlandien marins. — Au cap d'Espichel, le complexe marino-saumâtre est considérablement réduit par suite de la faille qui met le Malm en contact avec les dolomies. Je rapporte au Ptérocérien un complexe de 300 à 400 mètres d'épaisseur, formé par des calcaires, des marno-calcaires et des grès. Ces derniers, faiblement représentés à la base, prédominent dans la partie supérieure.

Vers le milieu de ce massif se trouvent des calcaires à facies subcorallien, contenant des Nérinées, des Diceras, des Pachyerisma et des Polypiers. Ces calcaires sont bien différents des couches à facies vaseux qui les encaissent, mais ces dernières présentent entre elles de telles affinités qu'il est nécessaire de faire du tout un seul groupe, dont les couches médianes ont une tendance à la formation de bancs de Coraux.

Le Ptérocérien se trouve jusqu'à Cezimbra où il est plus argileux et ne présente pas de calcaires subcoralliens.

Des couches à caractère mixte forment le passage du Ptérocérien au Portlandien, mais ce dernier est franchement calcaire et, quoique les Polypiers y soient extrêmement rares, les Nérinées jouent un rôle considérable dans sa faune, qui présente presque autant de Gastropodes que de

[1] Les calcaires noirs sont analogues aux rognons se trouvant dans les strates à aspect saumâtre, inférieures au Bathonien du Viso, mais ces rognons sont de petite taille, tandis que j'ai vu dans les conglomérats plusieurs cailloux noirs, de 6 centimètres de diamètre.

Lamellibranches. Les grès plus ou moins argileux, réapparaissent au sommet de l'assise, et l'envahissent complètement à huit kilomètres du cap. Sa puissance au cap dépasse 200 mètres.

Puissance des strates. — Les bancs de conglomérats résistent bien aux redressements, mais les marnes qui les séparent se compriment souvent irrégulièrement, de sorte que les bancs solides affectent des inclinaisons fort variées, même à une faible distance (profil D de pl. IV).

Au cap d'Espichel, le Malm n'est observable régulièrement qu'à partir du Ptérocérien, je n'ai donc pas pu y mesurer l'épaisseur du complexe marino-saumâtre, qui ne doit pas avoir moins de 100 mètres.

Pour le Ptérocérien et le Portlandien, j'ai obtenu 490 mètres d'après un calcul, et 650 d'après un autre, ce qui porterait la puissance totale du Malm de 600 à 750 mètres, chiffres probablement inférieurs à la réalité.

D'après le profil du flanc septentrional du Formosinho, construit à l'échelle de 1 : 10.000, je trouve pour le Malm les épaisseurs suivantes qui ne donnent qu'une idée approximative, car je n'ai pas pu tenir compte des irrégularités de plongement ou de direction.

| | |
|---|---|
| Calcaires blancs | 150 mètres |
| Alternance de marno-calcaires jaunes et de calcaires blancs | 320 » |
| Alternance de marnes et de conglomérats | 370 » |
| Alternance de marnes rouges, de graviers et de grès compacts, couronnés par des marnes jaunes et des calcaires rosés et compacts, ayant l'apparence jurassique | 300 » |
| Total | 1.140 » |

Au Nord de Serra dos Gaiteiros, les conglomérats ont peut-être un millier de mètres d'épaisseur, à en juger d'après le profil, mais les changements de direction et d'inclinaison sont si nombreux que je n'ose pas indiquer de chiffre.

*
* *

Distinction entre le Bathonien et le Malm. — Il arrive parfois que le Bathonien se termine par des calcaires blancs, moins compacts que ceux du milieu de l'étage, et que le Lusitanien commence par des calcaires analogues; il est alors fort difficile de tracer la limite entre les deux étages, même en y recueillant des fossiles, car un certain nombre de formes identiques ou très analogues se trouvent de chaque côté de la limite.

Dans d'autres cas (Formosinho, Burgao aux environs d'Azoia), cette limite est facile à distinguer, grâce à la dépression que forment les marno-calcaires à *Pseudodiadema conforme*.

Sur d'autres points, on n'a affaire qu'à une masse de calcaires blancs, en bancs épais, reposant directement sur les dolomies ou sur les marnes infraliasiques (Serra do Pedrógão), et on hésite entre le Bathonien et le Lusitanien, car tous deux contiennent des calcaires grisâtres et des calcaires blancs. En brisant la roche, on finit par découvrir quelques restes de fossiles qui n'aident pas beaucoup. J'ai considéré l'abondance des Stromatoporides et des Nérinées comme caractéristique du Malm, mais nous avons vu un banc à nombreuses Nérinées vers le milieu ou à la base du Bathonien; il n'y aurait rien de surprenant à ce que cet étage contînt aussi, sporadiquement, de nombreux Stromatoporides.

Je parle des calcaires vus en masse, car ce n'est pas ici le cas d'insister sur la difficulté de reconnaître la strate qui, au point de vue paléontologique, doit servir de limite entre le Bathonien et le Malm; la faune des *couches à Pseudodiadema conforme* fait prévoir cette difficulté.

**Tableau comparatif des facies du Malm et du groupe néocomien**

<table>
<tr><th colspan="2"></th><th>Espichel</th><th>Du moulin da Lage jusqu'à Zambujal</th><th>Cezimbra</th><th>Pedreiras</th><th>El-Carmen</th><th>Formosinho Outão</th><th>Viso</th><th>S. Luiz</th></tr>
<tr><td colspan="2">Barrémien</td><td colspan="2" rowspan="2">Faune marine</td><td colspan="3">Banc calcaire à gros Gastropodes, etc.</td><td colspan="3">manque</td></tr>
<tr><td colspan="2">Hauterivien</td><td colspan="6">Graviers sans fossiles</td></tr>
<tr><td colspan="2">Infravalanginien et Valanginien</td><td colspan="8">Graviers de nuances claires, sans fossiles</td></tr>
<tr><td colspan="2">Freixialin</td><td colspan="2">Calcaires dominant</td><td>Erodé</td><td colspan="5">Conglomérats</td></tr>
<tr><td rowspan="3">Ptérocérien</td><td>Couches à Trigonies</td><td colspan="4">Grès</td><td colspan="4">Conglomérats</td></tr>
<tr><td>partie moyenne</td><td>Facies sub-corallien</td><td colspan="2">et</td><td colspan="5">Conglomérats</td></tr>
<tr><td>partie inférieure</td><td colspan="3">marno-calcaires</td><td colspan="5">Conglomérats</td></tr>
<tr><td rowspan="3">Complexe marino-saumâtre</td><td>Saumâtre supérieur</td><td>?</td><td colspan="2">Calc. à taches noires et fossiles saumâtres</td><td colspan="4">Faune saumâtre</td><td rowspan="2">Faune limnique</td></tr>
<tr><td>Niveau à Nerinea Elsgaudiae</td><td colspan="4">Calcaire à Nérinées</td><td>Faune des calcaires à Rhynchonella arrabidensis dominant</td><td>Faune pelagique dominant</td><td></td></tr>
<tr><td>Saumâtre inférieur (Outão)</td><td colspan="3">?</td><td colspan="5">Marno-calcaires et conglomérats à faune saumâtre</td></tr>
<tr><td colspan="2" rowspan="3">Lusitanien</td><td colspan="7">Calcaires et marno-calcaires à Rhynchonella Arrabidensis, Lamellibranches et Gastropodes</td><td rowspan="3">Lacunes</td></tr>
<tr><td colspan="6">Calcaires à faune mixte</td><td>?</td></tr>
<tr><td colspan="6">Calcaires et marno-calcaires à Pseudodiadema conforme Ag., Nérinées et Lamellibranches</td><td>?</td></tr>
<tr><td colspan="2">Bathonien</td><td colspan="8">Calcaires blancs, très compacts, à Rhynchonella Hopkinsi, Nérinées, etc.</td></tr>
</table>

## Crétacique [1]

Les affeurements de Crétacique forment cinq groupes; le premier borde le Jurassique du S. Luiz vers le Nord et vers l'Ouest, le deuxième s'étend d'une extrémité à l'autre de la chaîne, depuis le Nord de Setubal jusqu'au Nord du cap d'Espichel, le troisième se compose d'un petit lambeau de conglomérats au réservoir d'eau de Setubal, et d'une bande de deux kilomètres de longueur s'étendant au bord de la mer, entre la colline de S. Filippe et Commenda; le quatrième se borne à quelques lambeaux de gravier blanchâtre à Portinho-d'Arrabida, et le cinquième est formé par des graviers contenant un ou deux bancs fossilifères, au pied de la faille du Facho (Cezimbra).

Ces affleurements ne contiennent qu'une faible partie du Crétacique; c'est au **cap d'Espichel** (Voyez la carte des environs du cap, fig. 5, page 42) que l'on voit la plus grande série de strates: une alternance de grès, de marnes et de marno-calcaires, avec calcaires subordonnés qui se démembrent en:

| | Mètres |
|---|---|
| Infravalanginien (?) et Valanginien (grès) [2] Minimum | 100 |
| Hauterivien et Barrémien (Calcaires et marnes) | 123 |
| Aptien et Gault inférieur (Grès marneux avec assises calcaires) | 130 |

Afin de pouvoir reconnaître les changements que ces strates subissent de l'Ouest à l'Est, j'en détaillerai la base comme suit; les monogrammes avec exposants correspondent à la carte de Cezimbra, pl. II, et les numéros des couches mis entre parenthèses, à la coupe publiée en 1904.

| | Mètres |
|---|---|
| $C^1$. Infravalanginien (?) et Valanginien.—Grès grossiers | 100 |
| $C^2$. Hauterivien.—Calcaires jaune d'ocre à oolithes ferrugineuses; faune abondante. (Couches 4 à 5) | 5 |
| Marnes grises et jaunes, avec lits de plaquettes ferrugineuses; *Ostrea Couloni* et autres fossiles de la couche précédente. (Couches 6 à 8) | 25 |
| Banc de calcaire jaune. (Couche 9ª) | 3 |
| $C^3$. Barrémien.—Calcaires blancs ou gris avec *Requienia, Pseudocidaris clunifera*, etc., se terminant par un banc à Nérinées. (Couches 9 à 11) | 20 |
| Alternance de grès et de calcaires. (Couches 12 à 25) | 30 à 35 |
| $C^4$. Aptien.—(Couches 26 à 49). Grès argileux très fossilifères, de plus de 100 mètres de puissance, ayant à leur sommet des calcaires à *Toucasia* et grandes Nérinées, surmontés de calcaires à *Orbitolines* qui terminent la série crétacique de l'Arrabida. | |

La série se reproduit sans grandes modifications près de Casaes-d'Azoia (2 kilomètres de Lagosteiros, voyez pl. I), mais les fossiles sont fort rares dans les calcaires hauteriviens.

---

[1] Choffat, *Crétacique de l'Arrabida*, etc., 1904.

[2] En 1904, j'attribuais un minimum de 55 mètres aux grès valanginiens, en me basant sur l'escarpement auprès de la mer. Un profil mené par le chemin situé à 400 mètres à l'Ouest me fait admettre une puissance double. Le contact du Jurassique et du Crétacique est bien visible en ce point, les marnes rouges du Jurassique sont surmontées par un banc de grès blanc, fin, de $0^m,40$, qui supporte les grès à quartzites, les plus gros galets ayant une longueur maxima de six centimètres. Il ne m'est pas possible de dire si ces grès représentent l'Infravalanginien et le Valanginien, ou seulement ce dernier terme, par lequel je les désignerai dans la suite de ce travail.

Sauf cette rectification de puissance, je n'ai rien à modifier à la coupe publiée, mais une nouvelle visite m'a permis de reconnaître la continuation des différentes strates vers l'Est.

Deux kilomètres plus loin, au moulin de Cabeços, ces calcaires n'ont plus que 3 mètres d'épaisseur, et ne m'ont fourni qu'un fragment d'huître; ils contiennent par contre encore les oolithes de fer, qui sont bien caractéristiques du niveau.

La route d'Alfarim,[1] qui se trouve à 4 kilomètres du point précédent, montre une belle coupe du Crétacique. Les grès valanginiens y sont en partie fortement liés par un ciment siliceux, et donnent lieu à de gros blocs faisant saillie dans une forêt de pins.—Le calcaire hauterivien n'a plus que $1^{m},50$, et ne semble contenir ni fossiles, ni oolithes de fer.—Le Barrémien y présente les calcaires blancs à *Requienia* et *Pseudocidaris*, et les calcaires jaunâtres à grandes *Natica*. Ils sont surmontés par une série de grès aptiens, avec deux bancs de calcaire dans lesquels *Ostrea praelonga* Sharpe, est presque l'unique fossile; ces grès se terminent au moulin de Caixas, où ils sont recouverts par l'Oligocène.

Ces différents termes existent jusqu'au delà du grand décrochement horizontal du moulin do Frade, mais plus loin l'ensablement a envahi les calcaires hauteriviens. Les marnes hauteriviennes sont par contre bien reconnaissables, ainsi que les calcaires barrémiens.

Au S.E. de Portella[2], sur le chemin d'El-Carmen à Azeitão (Marco-do-Risco[3], 1904), les marnes hauteriviennes sont remarquables par leurs lits à plaquettes rouge de cinabre, et les calcaires barrémiens ont fourni une faune importante. La réunion des anciennes récoltes aux nouvelles donne:

*Nerinea, Purpuroidea?, Natica similimus, N. Munieri, Purpurina Falloti, Cyprina, Trigonia cfr. longa*, Ag., *Nucula? Ostrea pes-elephantis?, Terebratula.*

Les grès qui leur sont supérieurs représentent évidemment l'Aptien.

Les marnes hauterivieunes, surmontées des calcaires barrémiens, sont encore bien reconnaissables à 2 ½ kilomètres à E.N.E. du point précité (W.N.W. de São Caetano), mais au delà on ne voit plus que des grès, et la bande crétacique est tellement rétrécie qu'il y a tout lieu d'admettre que ces grès ne représentent que le Valanginien.

**Cezimbra.**—Revenons en arrière pour examiner l'affleurement crétacique de Cezimbra, près du moulin d'Amora, où il présente la succession de strates la plus complète.

| | Mètres |
|---|---|
| 1 — Graviers valanginiens. | |
| 2 — Calcaire roux | 3 à 4 |
| 3 — Marnes grises, à plaquettes ferrugineuses | 15 |
| 4 — Grès calcarifères jaune roux | 3 |
| 5 — Grès blancs, très fins | 20 |
| 6 — Calcaire roux, à *Natica* | 5 |
| 7 — Grès mi-fins, jaunâtres | 50 |
| 8 — Calcaire jaune | 1 |
| 9 — Grès. | |

Les caractères lithologiques assignent l'âge hauterivien aux couches 2 et 3. Le Barrémien débuterait donc par les grès de couche 5, tandis que les calcaires à *Natica* de couche 6 montreraient à peu près son toit. Les rares fossiles trouvés jusqu'à ce jour n'ayant pas été récoltés dans des couches déterminées, montrent simplement des représentants du Hauterivien et du Barrémien.

Puissance et rôle orographique.—Dans le profil de Formosinho à Azeitão (pl. IV, fig. D.), les grès argileux et les marnes rouges, certainement jurassiques (page 26) sont recouverts par un complexe beaucoup moins argileux, présentant à la base des marnes roses avec nombreux quartzites, passant à des grès rouge pâle, recouverts par des grès blancs. Le tout a un minimum de 200 mètres de puissance, mais je ne sais pas si la base doit encore être attribuée au Jurassique.

[1] Elle passe à l'Est du signal géodésique (moulin) de Caixas, indiqué par erreur sur la planche I sous le nom de Casaes.

[2] Sur la carte au 20.000e, la désignation de Portella a été appliquée à Coina-Velha et vice-versa.

[3] Désignation figurant sur la carte Neves Costa, mais complètement oubliée des habitants du pays; je l'ai employée dans ma notice sur le Crétacique.

La puissance semble être un peu moindre vers Palmella, et surtout au Sud du S. Luiz.

Le Crétacique de l'Arrabida diminue donc d'épaisseur de l'Ouest à l'Est, par suite de la disparition des strates supérieures, et devient de plus en plus incohérent; néanmoins, sa compacité plus grande que celle des couches encaissantes lui fait jouer un rôle orographique assez constant jusqu'à l'extrémité orientale des affleurements. Les grès blancs, qui sont les plus compacts, déterminent une série de collines bien accentuées, généralement couvertes de broussailles, tandis que le Jurassique supérieur et l'Oligocène sont cultivés.

Dans l'affleurement de Commenda, ces grès sont verticaux, et l'érosion ayant défait les marnes encaissantes, ils forment des pointes étroites portant le nom de «aiguilles de Maria Esgueira».

Différence entre les grès du Jurassique et ceux du Crétacique.— Au cap d'Espichel et à Cezimbra, les grès valanginiens se distinguent facilement de ceux du Jurassique par la prédominance du ciment kaolinifère blanc ou de nuances très claires, et par l'abondance et la grosseur des cailloux de quartzites.

Ces caractères sont beaucoup moins tranchés à l'Est du méridien de Cezimbra. Les conglomérats jurassiques typiques sont surmontés par des marnes rouges, devenant moins foncées vers le sommet, mais contenant encore des bancs solides de conglomérats à graviers quartzeux et des bancs de grès fins, rouges ou gris, ayant l'aspect des grès du Néo-Jurassique.

Ce complexe argileux est surmonté par des graviers roses passant à des couches claires, même à des couches complètement blanches, sans avoir l'aspect des graviers kaolinifères. D'autres bancs à quartzites assez grands ont un ciment couleur d'ocre jaune, qui se voit aussi au cap; mais les bancs de conglomérats solides ont complètement disparu. Je considère comme Jurassique les strates inférieures aux derniers bancs de grès fin, compact, micacé, rouge plus ou moins intense, à aspect de Jurassique supérieur. Ce caractère est trompeur, car au Nord de Setubal (Quinta da Conceição et N.E. de Santa Ephigenia), les graviers incontestablement crétaciques contiennent un banc de grès très fin, de couleur rouge.

D'un autre côté, le Jurassique incontestable contient exceptionnellement des bancs de gravier blanc, ce qui du reste, est aussi le cas dans le Jurassique au nord du Tage (Voyez *Gisements de végétaux fossiles)*. Sur bien des points, l'attribution à l'un ou l'autre des deux systèmes est absolument arbitraire, j'ai alors employé le monogramme J.C.

Je ne vois aucun critérium pour trancher la question, car la compressibilité irrégulière des strates ne permet pas de se baser sur une discordance de stratification.

Dans ses minutes, réduites pour la carte de 1876, C. Ribeiro donnait par places beaucoup plus d'extension au Crétacique que je ne le fais, en y englobant, au Sud du S. Luiz par exemple, des couches ayant des conglomérats compacts et des bancs de grès rouge à aspect de Jurassique supérieur. Cela provient en partie de ce qu'au cap d'Espichel, il rangeait le Portlandien fossilifère dans le Crétacique; il était donc logique d'y comprendre la partie supérieure des conglomérats jurassiques. Cette bande, calcaire au cap et passant plus à l'Est à des graviers, constitue le «Valdense» de la carte de 1876.

Pour les mêmes motifs, la limite supérieure est souvent tout aussi difficile à fixer que la limite inférieure. Parfois, par exemple au Nord du S. Luiz, l'Oligocène est formé par des marnes rouges, presque sans quartzites, bien distinctes du Crétacique, autant comme aspect que comme rôle orographique; mais au Sud de cette montagne, il présente des graviers liés par un ciment blanc ou rouge pâle, assez solide pour former des escarpements (par exemple au N. du Casal do Manguinha).

Parfois les graviers incontestablement crétaciques sont en contact avec des graviers à ciment clair, que l'on serait tenté de considérer comme Crétacique. La présence de bancs à rognons de calcaire blanc, à texture de calcaire d'eau douce, me les fait ranger dans l'Oligocène (Albarquel, Cabrim, Casal-Marocho).

Malgré ses dimensions restreintes, l'affleurement d'Albarquel à Commenda rend bien compte des caractères pétrographiques à l'extrémité de la chaîne.

## Oligocène

Dans les environs de Lisbonne, le Tertiaire inférieur est formé par la nappe basaltique recouverte par un massif de conglomérats n'ayant pas fourni de fossiles; ces derniers étant recouverts par le Burdigalien, on a admis qu'ils représentent l'Oligocène [1].

La nappe basaltique manque dans la péninsule de Setubal, tandis que le complexe détritique, inférieur au Burdigalien, y est fort puissant, mais, malgré le rôle important des marnes et des calcaires, il n'y a pas été découvert de fossiles; il semble que l'on est en présence d'une formation caspique.

La bande oligocène du pied nord de la chaîne n'est régulière qu'à partir de 13 kilomètres de l'Océan. La falaise maritime montre à Foz-da-Fonte le dépôt direct du Burdigalien moyen sur le Crétacique.

Entre ce point et Coina, le contact entre le Crétacique et le Miocène est en général masqué par des sables superficiels, tandis que sur d'autres points, on voit une bande oligocène fort étroite et se confondant facilement avec le Crétacique.

A partir de la rivière de Coina, la bande est large et ininterrompue. Elle se bifurque au pied occidental de la Serra de S. Luiz, la branche septentrionale se terminant à Palmella et la branche méridionale vers le couvent de Brancanes, au Nord de Setubal, où une faille, dirigée de l'Est à l'Ouest, la met en contact avec l'Helvétien supérieur.

La faille de Setubal, orientée du Nord au Sud, met l'Helvétien supérieur en contact direct avec le Jurassique entre Brancanes et Setubal, où se montre un petit lambeau d'Oligocène, mais l'érosion a fait disparaître sa liaison avec celui du fort d'Albarquel, où il forme une bande très étroite, n'ayant guère qu'un kilomètre de longueur. Il ne reste à mentionner que les petits lambeaux de Portinho-d'Arrabida.

En parlant du Crétacique, nous avons déjà vu que la composition de l'Oligocène varie beaucoup d'un point à un autre, souvent même à une faible distance. Ce sont les marnes rouges et les graviers jaunâtres qui dominent; ces graviers se chargent souvent de gros cailloux de quartzites, mais l'un et l'autre sont peu cohérents.

Sur le flanc occidental de la colline de Rego-d'Agua, se trouve un banc ou lentille à gros cailloux, dont quelques-uns sont des calcaires paraissant provenir du Jurassique et du Crétacique supérieur. Ces bancs à cailloux calcaires paraissent fort rares.

Le contact avec le Miocène est bien visible dans le ravin à l'Ouest de celui du Rego-d'Agua. Au-dessus des grès rougeâtres se trouve une dizaine de mètres de marnes rouge foncé intense, qui, par altération dans les fentes, prennent une couleur bleue. Elles sont grasses et se désagrègent en petits morceaux irréguliers, à cassure conchoïdale. Au contact du Miocène, la marne bleue forme un banc de $0^m,50$ d'épaisseur, traversé en divers sens par des veines de calcaire marneux, ce qui, à distance, lui donne l'aspect de dolomies cloisonnées. Ces marnes rouges se confondraient facilement avec celles de l'Infralias. Le plongement des calcaires miocènes est de 20° et les marnes oligocènes paraissent être concordantes.

A partir du moulin de Fonte do Sol, vers l'Ouest, le sommet de l'Oligocène est formé par des calcaires très blancs [2], à pâte fine, contenant parfois des grains de quartz. Ils prennent une grande puissance près de N.ª S.ª das Necessidades, où ils sont exploités dans plusieurs carrières, néanmoins ils n'ont pas fourni de fossiles. Leur rôle orographique se confond avec celui du Burdigalien, dont il est parfois difficile de les distinguer. Ils se trouvent aussi dans la faille de Cruz-da-Legoa.

Mentionnons encore des cristaux de gypse en fer de lance, qui se rencontrent au contact du Miocène et de l'Oligocène, à l'Ouest de Palmella et au Sud de Serra de S. Luiz.

---

[1] Voyez: Choffat, *Tunnel du Rocio*, pag. 55 et suivantes; *Aperçu de la Géologie du Portugal*, pag. 32; Berkeley Cotter, *Esquisse du Miocène marin*, pag. 2.

[2] Indiqués par O¹ dans la carte, pl. III.

L'Oligocène joue un rôle orographique très marqué au Nord de Serra de S. Luiz. Entre les monticules crétaciques, généralement couverts de broussailles, et l'escarpement formé par les calcaires miocènes, se trouve un complexe de marnes rouges, en partie arénacées, ne présentant que rarement des galets de quartzites, tandis qu'ils sont abondants vers l'Ouest.

En parlant du Crétacique, nous avons vu que les graviers oligocènes du pied méridional de Serra de S. Luiz contiennent des bancs assez solides pour constituer des escarpements et se distinguer difficilement du Crétacique. D'après les profils, la puissance de l'Oligocène serait de plus de 300 mètres à l'Ouest de Palmella, tandis qu'elle n'atteindrait pas 200 m. au Nord du Formosinho.

L'impression que m'a laissé l'examen des points de contact avec le Miocène de cette région, est qu'il y a eu discontinuité dans la sédimentation, tandis que les environs de Lisbonne parleraient plutôt en sens contraire.

## Miocène

Le Miocène présente quatre affleurements ou groupes d'affleurements: 1.° une bande presque ininterrompue s'étendant au pied nord de la chaîne, depuis l'Océan jusqu'à Palmella; 2.° une bande s'étendant au pied sud de Serra de S. Luiz, de l'Ouest à l'Est, puis se ployant brusquement vers le Sud pour se terminer à Setubal; 3.° au fort d'Albarquel se trouve un petit affleurement qui était incontestablement lié au précédent; 4.° les affleurements de Portinho-d'Arrabida.

C'est entre Azeitão et Palmella que la série est la plus complète, et que nous l'examinerons.

Le Miocène de cette région diffère de celui de Lisbonne en ce que les massifs d'argile et de sable sont en grande partie remplacés par du calcaire. Il en résulte une certaine uniformité lithologique de la base du Burdigalien jusqu' au sommet de l'Helvétien, ce qui, joint à la modification lente de la faune, à la pauvreté et au mauvais état des fossiles, rend la reconnaissance des niveaux fort difficile.

Mon collègue, Mr. J. C. Berkeley Cotter, a bien voulu examiner mes récoltes et me dire autant que possible leur parallélisme avec le Miocène de Lisbonne, qu'il a si bien décrit.[1] Mes citations de fossiles se basent sur ses déterminations.

Des profils exécutés rapidement à Azeitão, Rego-d'Agua, Fonte-da-Rotura, Quinta-do-Anjo et Palmella, me font croire à une épaisseur totale surpassant d'au moins 100 mètres celle de Lisbonne, c'est-à-dire à une puissance de plus de 400 mètres, mais on sait combien de légers changements dans l'inclinaison ou la direction des strates peuvent amener d'erreurs dans le calcul des épaisseurs d'après les profils.

Je distinguerai les complexes suivants:

*a*) La base est formée par un massif de calcaires relativement compacts, vu le peu de compacité du Miocène portugais, exploité pour la fabrication de la chaux et comme pierres de construction; il appartient au Burdigalien inférieur. (Colline 187 au-dessus de Baixa-de-Palmella, Fonte-da-Rotura, Rego-d'Agua, moulins de Leonardo et de Fonte-do-Sol); le Miocène de Villa-Nogueira ne présente que du Burdigalien, les strates qui le surmontent étant cachées par le Pliocène. Notons qu'à sa base se trouvent les calcaires oligocènes mentionnés plus haut, qui manquent dans les affleurements de Fonte-da-Rotura et au Nord de la montagne de Gaiteiros.

*b*) Un deuxième complexe, formé par des marno-calcaires et des sables, avec quelques bancs d'argile, est caractérisé par le mélange d'*Helix*[2] et de coquilles marines. Sa base appartient encore au Burdigalien, tandis que le sommet correspond à la base de l'Helvétien (Moulins du château de Palmella, Fonte-da-Rotura, Rego-d'Agua).

*c*) Complexe de calcaires et de sables appartenant à la partie supérieure de l'Helvétien inférieur, c'est-à-dire aux sables de Val-de-Chellas (flancs méridional et occidental de la colline du château de Palmella).

---

[1] J. C. Berkeley Cotter, *Esquisse du Miocène marin portugais*, in *Mollusques tertiaires du Portugal*, par Dollfus Cotter et Gomes. In-4.° Lisbonne 1904. Des références au Miocène de l'Arrabida se trouvent aux pages 30 et 32-34.

[2] Mr. Roman a trouvé ces Helix indéterminables, sauf un exemplaire qui se rapproche de *H. Larteti* Boissy.

*d*) Strates plus calcaires correspondant à l'Helvétien supérieur. Le niveau de Marvilla à *Ostrea crassicostata* var. *gigantea* est bien reconnaissable entre le château et le bourg de Palmella, ainsi qu'au moulin de Fetaes; il plonge vers le Nord, mais se relève à la chapelle de S. João.[1] Je l'ai aussi observé dans le dessus du ravin, à 200 mètres au S.W. de Baixa-de-Palmella, au N.E. de Rego-d'Agua et depuis Combros jusqu'à Setubal.

*e*) Sables puissants, blancs ou rouge foncé, avec agglomérations sphéroidales[2] et rares bancs de calcaires, de grès ou de marnes à fossiles marins, indiquant le Tortonien. Ces dépots marins alternent avec un massif de formation caspique.

Remarques sur le Tortonien. — Mr. Berkeley Cotter attribue une puissance de 45 à 46 mètres au Tortonien des environs de Lisbonne. Il est formé par une alternance de sables fins, micacés (areolas) et de bancs de grès ou de calcaire arénacé, très fossilifères. D'après le même auteur, ces caractères se maintiennent sur l'autre rive du Tage et sur les falaises entre ce fleuve et Foz-da-Fonte, au Nord du cap d'Espichel.

Entre ce point et Palmella, des sables superficiels masquent généralement la partie supérieure du Tertiaire, c'est peut-être vers Quinta-do-Anjo que l'on rencontrerait la série la plus complète, qui est encore à étudier; mais la présence du Tortonien est prouvée par une récolte de fossiles.

Des strates appartenant à l'Helvétien le plus supérieur, ou même au Tortonien, se trouvent aussi entre le château de Palmella et S. João.

D'après ce que j'ai pu voir, le Tortonien n'est représenté sur le flanc méridional de l'Arrabida que par des lambeaux formés presque uniquement de sables incohérents; il se distingue donc profondément de celui de Lisbonne, où les bancs de sable n'ont pas plus de 4 à 5 mètres de puissance et alternent avec des bancs compacts.

La base est bien visible au Nord de Setubal, dans le petit avancement que forme le Tertiaire entre Ferreira et Brancanes. Au-dessus du toit de l'Helvétien (VI^e^ de Mr. Berkeley Cotter) se trouvent des bancs de sable grossier à nombreux débris de coquilles, peu cohérents, en lits minces, à fausse stratification. Les sables qui les surmontent sont en partie détruits et en partie cachés par les alluvions.

Au bord oriental du Tertiaire, entre les fermes de Bonecos et de Machadas (à l'Est de Morcego) se trouvent des sables à énormes *Ostrea crassissima*, qui semblent aussi appartenir à la base du Tortonien.

L'affleurement dans lequel se trouve la ferme de Morcego est formé par les sables tortoniens que l'on retrouve près de Casal-do-Pedro, d'où ils s'avancent entre le Miocène et le Jurassique de la montagne de S. Luiz, qui semble les recouvrir, jusqu' au N.W. de la chapelle de S. Luiz. Après une interruption, on en retrouve un petit lambeau au N.E. de Rego-d'Agua (Voyez les profils pl. VI et la carte pl. III).

Cette série d'affleurements n'a fourni de fossiles qu'à la base, malgré la puissance que les sables présentent sur certains points, par exemple au Nord de la ferme de Pena.

Une autre ligne d'affleurements s'étend entre le ravin de Pae-Mouro et Baixa-de-Palmella. Elle est formée par les sables qui, d'un côté, plongent sous le Jurassique, et de l'autre sont au contact des graviers pliocènes. Carlos Ribeiro les avait réunis à ce dernier étage, mais la présence des concrétions sphéroïdales les en sépare, ce qui est confirmé par la découverte de fossiles tortoniens sur cinq points:

Ravin à 100^m^ au N.W. de Casal da Flamenga. — Nombreux *Ostrea edulis*, var. *lamellosa*, Br., *Perna maxillata*, var. *Soldani*, Desh. et *Pecten varius*, Lin.

Ravin à 100^m^ au S.W. d'Alfarrar. — *Ostrea edulis* var. *lamellosa*, Br.

Ravin à l'Ouest de Capuchos. — *Perna*, *Ostrea* ind. et moules de dimyaires.

1^er^ Ravin au Sud de Baixa-de-Palmella. — *Ostrea crassicostata*, var. *gigantea*, *Pecten* ind. et *Perna*.

[1] L'indication de la carte au 20.000^e^ est erronée; cette chapelle se trouve près de la cote 185.

[2] Ces agglomérations sphéroïdales se voient aussi dans les bancs de sable de l'Helvétien inférieur et du Burdigalien.

Baixa-de-Palmella.—Banc de calcaire jaune, à fossiles très nombreux [1], de taille moyenne, laissant le doute entre le toit de l'Helvétien et le Tortonien, mais devant être rapporté à ce dernier, au point de vue tectonique, car il forme avec les sables un complexe supérieur à tout l'Helvétien supérieur de Palmella, constitué par des calcaires jouant un rôle orographique bien différent.

Il est donc bien démontré que les sables du pied méridional de la colline de Gaiteiros n'appartiennent pas au Pliocène avec lequel ils avaient été confondus, et il est probable qu'ils ne représentent que le Tortonien, les époques pontienne et sarmatienne correspondant à un émergement.

Il me reste à mentionner un fait paraissant absolument anormal: c'est que partout où leur base est découverte, ils reposent sur des marnes rouges à concrétions calcaires, ayant absolument l'aspect de l'Oligocène, assimilation que leur position ne permet pas d'admettre, car le Miocène n'a pas laissé de traces entre deux (Pl. VI, fig. VI, XI, XII). Le Tortonien du pied sud de la colline de Gaiteiros contiendrait donc un massif de marnes et sables à aspect caspique, tandis qu'au Nord de la chaîne et dans les environs de Lisbonne, il ne contient que des strates arénacées, marines.

L'affleurement où ces marnes se montrent le mieux est situé à l'Ouest de Guarda-Mór (voyez la carte). Il se prolonge probablement à l'Ouest de Nena, à en juger par quelques lambeaux de terre rouge avec quartzites apparaissant entre les éboulis. Ces marnes rouges forment le fond du ravin jusqu'à Pae-Mouro; elles passent par conséquent sous le Jurassique, et semblent être comprises entre deux massifs de sables marins: celui qui surmonte l'Helvétien à Combros, s'étendant au pied de la montagne de S. Luiz, et celui qui forme le pied de la colline de Gaiteiros.

La superposition aux sables peut se voir entre Casal-do-Pedro et Nena; le recouvrement par le massif supérieur de sables se voit depuis le ravin de Pae-Mouro jusqu'à celui de Flamenga et dans celui du champ de tir.

*Coupe dans le ravin de Flamenga.* (Voyez le profil XI, pl. VI). Inclinaison des strates 4 à 5° vers le Nord.

1) Marnes rouge brique, contenant des concrétions calcaires à surface très irrégulière, atteignant rarement la grosseur du poing, et des quartzites généralement peu fréquents.

Elles contiennent en outre, sporadiquement, de gros cailloux calcaires, roulés, atteignant 15 cm., isolés ou formant de petits amas. Dans le chemin de Pae-Mouro, ces cailloux mélangés à quelques quartzites forment un banc semi-compact, ayant un peu l'aspect des conglomérats jurassiques, sauf que les cailloux sont plus ou moins anguleux.

2) Marnes grises avec nombreux *Ostrea edulis*, var. *lamellosa*, *Perna* et rares *Pecten*. Puissance 4 mètres.

3) Sables jaunâtres.

4) Eboulis.

5) Sables rouges à quartzites, ayant un peu l'apparence de l'Oligocène.

6) Sables blancs, ayant à la base un banc faiblement cimenté par du calcaire.

La puissance totale des couches 2 à 6 est de 30 à 35 mètres.

*Coupe dans le ravin du champ de tir.*—L'inclinaison est environ de 10° vers le Nord.

1) La plaine, coupée par la tranchée du champ de tir en construction, est formée par le gravier argileux, jaunâtre, considéré comme type du Pliocène portugais. Le plongement est difficile à observer à cause de la fausse stratification, mais il semble être de 10°, par places de 20° vers le Nord.

2) A l'extrémité nord, la tranchée entame la colline, l'avancement (13 mars 1906) est dans des sables argileux, rouge foncé, à quartzites, pouvant aussi être pliocènes, et étant inférieurs à couche 3.

3) Marnes rouges à concrétions calcaires et quartzites, avec nids de cailloux roulés calcaires. Elles contiennent un banc de calcaire rose, arénacé.

4) Banc de sable à aspect marin.

5) Marnes rouge foncé avec parties roses.

6) Marnes rouges contenant des lamelles de gypse fibreux sur une épaisseur de 1 mètre.

7) Marnes rouges, grasses, ayant à la base des petits lits de sable à aspect tertiaire. Ces marnes sont analogues à celles du toit de l'Oligocene de Rego-d'Agua.

*Infralias.*—8) Marnes rouges et bleues, avec lits dolomitiques.

9) Dolomies farineuses.

---

[1] Presque tous les fossiles de ce banc, déposés au Service Géologique, ont été recueillis à son extrémité orientale, dans la propriété de Beselga, mais il est tout aussi fossilifère sur les autres points où il affleure, sans être aussi bien découvert.

Cette coupe m'a laissé l'impression que le gypse et les marnes qui le recouvrent appartiennent encore au Tertiaire, quoiqu'on ne les voie pas nettement reposer sur les couches sous-jacentes. Je serai moins affirmatif au sujet du recouvrement du Pliocène par le complexe tortonien, qui demande à être confirmé par d'autres observations.

Les sables marins sont fort mal représentés dans cette coupe, quoiqu'ils soient bien visibles au pied des collines situées au Nord et au Sud du ravin.

Au ravin passant au Nord du couvent des Capucins, on voit de bas en haut (pl. VI, profil VII):

1) Sables fins, formant la plaine; la ferme «das Areias» en est entourée, mais on ne voit que les sables désagrégés de la surface. A environ 300 mètres au S.W., un ravin au-dessous de la ferme de São Romão montre que ce sable fin est nettement stratifié. Il semble devoir être séparé des graviers pliocènes auxquels il a été réuni jusqu'ici.

2) Sables jaunes, à agglomérations sphériques, passant à des sables rouges à quartzites, contenant aussi les mêmes nodules.

3) Marnes rouge foncé à quartzites et concrétions calcaires.

4) Banc compact, de $0^m,70$ d'épaisseur, plongeant vers le Nord sous un angle de 25°. La partie supérieure de ce banc est formée par une brèche avec fragments de dolomie et de calcaire, la partie inférieure par du sable fin, blanchâtre, plus ou moins aggloméré, jaune ou rougeâtre, présentant tous les caractères du sable tortonien, mais tellement lié à la dolomie qu'il est facile d'obtenir des échantillons présentant les deux roches. Ce banc contient aussi de la marne rouge, à quartzites anguleux.

Les fossiles sont rares dans le sable blanc, ils ont été dissous par les eaux d'infiltration, et les moules ne sont conservés que dans les parties dures; ce sont: un moule de *Perna* qui, par analogie avec les exemplaires de Flamenga, doit être *Perna maxillata*, de nombreux moules paraissant appartenir à *Fragilia fragilis, Venus, Lucina, Cardium*; un fragment d'*huître* a conservé le test, ainsi qu'un exemplaire de *Pecten fraterculus* Sow.

5) Marne rouge marbrée de bleu, par places arénacée, d'une puissance de 10 mètres.

La superposition à la brèche à fragments dolomitiques et le recouvrement par les dolomies infraliasiques portent à ranger cette couche dans l'Infralias, mais ses caractères pétrographiques sont analogues à ceux des couches inférieures au banc fossilifère du Tortonien.

$D^1$) Dolomie terreuse, ayant fourni une plaquette couverte de moules d'*Isocypraea*, de l'Infralias.

Lacunes de sédimentation. La série tertiaire ne s'est pas déposée uniformément dans la contrée. Au bord de l'Océan, à Foz-da-Fonte, le Crétacique est recouvert par des calcaires fossilifères que Mr. Cotter reconnait appartenir au Burdigalien moyen, mais les conglomérats oligocènes et le Burdigalien inférieur apparaissent à Matta-de-Rei, 5 kilomètres à l'Est de ce point.

L'Oligocène et une partie du Miocène manquent aussi sporadiquement à Portinho-d'Arrabida, des strates fossilifères appartenant soit au Tortonien, soit au toit de l'Helvétien, reposent directement sur un membre quelconque du Jurassique ou sur le Crétacique. Elles contiennent des brèches avec cailloux provenant des terrains recouverts, prouvant que le recouvrement est dû à la sédimentation, ce qui est confirmé par la présence de *perforations du calcaire jurassique par des Annélides et des Mollusques tertiaires*.

Ce groupe d'affleurements sera examiné en détail dans la description du Formosinho.

Entre Setubal et Combros, le Miocène n'est aussi représenté que par l'Helvétien supérieur, mais comme il est limité par une faille, on peut admettre que les couches inférieures ont disparu par suite de la dislocation; la base, bien visible près du couvent de Brancanes, montre un conglomérat analogue à celui de Portinho-d'Arrabida, contenant comme ce dernier des débris de fossiles tertiaires. La présence de ces conglomérats, dont je ne connais d'analogues que ceux de Portinho, porte à croire que la base du Miocène ne s'y est pas déposée. Je donnerai plus de détails sur ces affleurements en parlant des dislocations du Viso.

Il est important de constater, avec Mr. Cotter, que le Burdigalien inférieur atteint la cote 259 à Serra de S. Francisco, au N.W. de Serra de S. Luiz. En Portugal, on ne connaît pas d'affleurement miocène à une plus grande altitude.

## Terrains de recouvrement

**PLIOCÈNE.** — Le plateau de la péninsule de Setubal est couvert par des sables et des graviers rouge jaunâtre, plus rarement roses ou blancs, plus ou moins cimentés, sans jamais former un grès compact. Carlos Ribeiro[1] les a décrits en 1866 comme base du Quaternaire, en prenant pour type la Quinta d'Alfeite. Peu après, il les rangea dans le Pliocène, opinion qui semble se confirmer par la présence d'impressions de Mollusques et de végétaux vers le sommet du complexe, dans les environs d'Alfeite[2].

Le Pliocène de Setubal contient des bancs aussi argileux que celui d'Alfeite, quelques-uns de nuances claires et chargés de silex se confondraient facilement avec le Crétacique, observation déjà faite par C. Ribeiro (p. 142). Il contient aussi des assises puissantes de sables fins, blanchâtres, presque incohérents. Le petit tunnel en construction dans la ville est percé dans ces sables, et ce sont eux qui alimentent la source «dos Cavalleiros» fournissant l'eau à la ville.

Il semble que C. Ribeiro considérait ces sables comme les analogues des «sables d'Aldeia-do-Meco», qu'il admet être supérieurs à ceux d'Alfeite. Il est certain qu'il a confondu les sables tortoniens du pied des Serras de Gaiteiros et de S. Luiz avec ceux du Pliocène, de sorte qu'il ne me semble pas impossible que des sables tortoniens apparaissent sur d'autres points de la surface considérée comme pliocène.

Les cailloux de quartzites atteignent souvent la taille d'une orange ou même un diamètre de 20 cm., mais ces grands cailloux sont irréguliers et anguleux.

Le Pliocène s'étend au pied septentrional du contrefort miocène, depuis l'Océan jusqu'à Palmella, en plongeant légèrement vers le Nord. Il contourne l'extrémité de la chaîne jusqu'à Setubal, en s'avançant un peu dans l'angle entre les Serras du Viso et de S. Luiz, mais moins que ne le font supposer les cartes de 1876 et de 1898.

Sables à l'intérieur de la chaîne. — Il y a, dans l'intérieur de la chaîne, des dépôts de sables et de graviers, analogues au Pliocène de position normale, mais qui doivent avoir un âge beaucoup moins ancien, vu leur position à l'intérieur des dislocations.

Le plus curieux forme un petit plateau de 110$^{m}$ d'altitude, au pied occidental du S. Luiz, (Voyez la carte, pl. III) reposant sur le Crétacique et l'Oligocène. Il est formé par un gravier à ciment argileux, jaune rougeâtre, ayant absolument l'aspect du Pliocène. Un dépôt de sables incohérents se trouve un peu plus au Sud, sur le Crétacique de Cabrim.

D'autres dépôts plus ou moins analogues, peut-être moins argileux, reposent sur le plateau jurassique entre le cap d'Espichel et Sant'Anna, et même plus à l'Est, à une altitude de 130 à 140 mètres. Ils remplissent les anfractuosités du calcaire et les ravins; on les trouve aussi dans les dislocations, où ils semblent avoir rempli les vides, par exemple au ruisseau de Juncal, entre la colline de Palames et celle du Cintrão, au Sud de Sant'Anna, dans la petite vallée de Nossa Senhora dos Navegantes, sur le plateau entre le fort de Portinho et Casal-do-Pimenta, etc.

Des dépôts de sables incohérents remplissent les vallées du flanc septentrional de la chaîne, et ont parfois une grande étendue, par exemple au S.E. et au S.W. de Santo-Antonio-da-Maçam. C. Ribeiro les considérait comme correspondant aux sables d'Aldeia-do-Meco. Il semble naturel de les croire plus récents que le Pliocène, peut-être proviennent-ils du lavage des graviers crétaciques.

**PLEISTOCÈNE.** — Des dépôts beaucoup plus intéressants, et probablement d'un âge un peu plus jeune, sont les placages de sables avec coquilles marines actuelles qui, au cap d'Espichel, atteignent une altitude de 70 mètres, signalés dès 1866 par C. Ribeiro, et dont la faune vient d'être étudiée par G. Dollfus[3]. (Voyez la carte du cap d'Espichel, fig. 5, pag. 42).

[1] C. Ribeiro, *Descripção do terreno quaternario das bacias do Tejo e Sado*, 1866.

[2] Choffat, *Observations sur le Pliocène du Portugal*, 1889.

[3] Choffat et Dollfus, *Quelques cordons littoraux marins du Pleistocène du Portugal*. (Bull. Soc. Géol. de France, t. IV, 1904, et Communicações, t. VI).

J'en ai signalé plusieurs dépôts entre le cap et le fort de Baralha, mais je viens de les découvrir à 500 mètres au Nord de ce fort, dans le chemin qui conduit à la baie de Balieira, à l'altitude de 70 mètres, et beaucoup trop éloignés du rivage pour que l'on puisse admettre un dépôt actuel par les vagues.

Il y a encore à mentionner les brèches rougeâtres avec Helix, que l'on rencontre dans des anfractuosités des rochers calcaires, et les éboulis qui couvrent souvent le pied des escarpements, principalement au S. Luiz.

La présence de ruines romaines à Troya et à Commenda a donné lieu à différentes théories sur les mouvements du sol aux temps historiques.

### Confusion entre les roches détritiques

Je reviendrai encore une fois sur la confusion possible entre les différents étages représentés par des roches détritiques, sans fossiles et de composition analogue, lorsque ces roches ne sont pas normalement superposées.

Les marnes et marno-calcaires rouges et bleus de l'Infralias peuvent être confondus avec les lits marneux intercalés dans les conglomérats jurassiques, avec l'Oligocène et avec les marnes rouges du Tortonien. Tous trois peuvent contenir des grains de sable, mais l'Infralias n'en a que très peu. La présence de gypse en grandes quantités paraît caractéristique de ce dernier terrain, mais nous avons vu que l'Oligocène en contient parfois des cristaux, et que les marnes tortoniennes présentent même quelques intercalations de gypse fibreux.

Des conglomérats blancs ou roses, qui sont la roche prédominante du Crétacique, se trouvent exceptionnellement dans le Jurassique, dans l'Oligocène, dans les marnes rouges du Tortonien et même dans le Pliocène. Je considère la superposition de bancs de grès fin, micacé, ou de conglomérats solides, rouge foncé, comme permettant d'attribuer au Jurassique les strates qui leur sont inférieures, tandis que l'alternance avec des bancs à ciment calcaire, blanc, à aspect de calcaire d'eau douce, me paraît une preuve de l'âge oligocène.

Des marnes rouges plus ou moins arénacées et à concrétions calcaires, se trouvent dans le Jurassique, l'Oligocène et le Tortonien, mais celles du Jurassique sont en général rouge brique foncé, ou roses, tandis que celles du Tertiaire sont rouge brique jaunâtre et présentent des taches rondes, jaunâtres, assez caractéristiques.

Ajoutons que le Pliocène présente par places la couleur rouge intense du Jurassique et se rapproche parfois du Crétacique par ses teintes roses ou blanches, mais ce ne sont que des bancs de peu d'épaisseur, dont l'âge se reconnaît, en général, par des veines rouges très caractéristiques et par les formes anguleuses des quartzites.

# IIᴱ PARTIE

# TECTONIQUE

## INTRODUCTION

La chaîne de l'Arrabida s'élève au-dessus du plateau pliocène de la péninsule de Setubal qui la limite au Nord et à l'Est, tandis qu'elle est coupée par l'Océan au Sud et à l'Ouest (pl. I).

La chaîne actuelle n'est qu'un lambeau de la chaîne primitive, car la ligne de rivage correspond à un effondrement; cette ligne est fort irrégulière, et coupe les accidents tectoniques tantôt longitudinalement, tantôt obliquement.

C'est sur la moitié occidentale seulement que les lignes bathymétriques font voir la forme que le fond de la mer présentait après cet affaissement; du côté oriental, elle est modifiée par les alluvions du Sado, dont le delta arénacé se termine brusquement par une ligne à peu près perpendiculaire au rivage, à 1600 mètres au S.W. du fort d'Arrabida *(Plano hydrographico da barra de Setubal)*. Au delà de ces sables, le fond est en majeure partie constitué par du limon provenant probablement aussi du Sado.

Les courbes bathymétriques de 5 à 100 mètres sont dirigées à peu près du Nord au Sud le long du rivage occidental, entre le parallèle de l'étang d'Albufeira et le cap d'Espichel, puis elles font un coude brusque pour contourner ce cap, courant ensuite parallèlement au pied de l'Arrabida suivant une ligne E.N.E., très rapprochée du rivage jusqu'à 9 km. à l'Est de Cezimbra, où l'influence du delta la fait dévier vers le Sud.

Si nous suivons par exemple la ligne de 60 mètres, nous la voyons à 4000 mètres du rivage, à la hauteur d'Albufeira, à environ 3000 à l'Ouest du cap, à 900 au Sud de Ponta da Enseada, à 700 au Sud du fort de Cavallo, et à 600 au Sud de Casa-da-Pedra (9 km. à l'Est de Cezimbra).

Silhouette longitudinale. — Comme nous l'avons vu, la chaîne a 35 km. de longueur sur une largeur de 5 à 6. Elle s'élève brusquement au-dessus du plateau pliocène dont les points culminants, situés à son pied, dépassent rarement 80 mètres, tandis que la chaîne montre 393 mètres vers son extrémité orientale (S. Luiz) et présente son maximun (499ᵐ) vers le milieu de sa longueur (Formosinho). Six kilomètres plus à l'Ouest, nous voyons encore le Pincaro avec 380ᵐ, mais le tiers oriental est plus bas et beaucoup plus uniforme. Après avoir dépassé la dislocation de Cezimbra, dont le château a 240ᵐ [1] et Picoto-do-Cavallo (241ᵐ), on n'a plus qu'une croupe monotone,

---

[1] C'est par erreur du graveur que la carte chorographique donne la cote de 333ᵐ au château de Cezimbra qui est un point trigonométrique de premier ordre. Cette erreur a généralement été reproduite (tantôt 333, 335 ou 338). Le plan hydrographique de 1882 porte 255; la carte de l'Etat Major (20.000ᵉ), 214. D'après la liste des points trigonométriques de premier ordre, publiée en 1889, le terrain a 239,9 et la tour 249,9.

s'abaissant peu à peu à 127$^{m}$ (cap d'Espichel). Il est à présumer que la partie effondrée dans l'Océan présentait des altitudes beaucoup plus fortes.

Ceinture tertiaire.— A deux exceptions près (Viso et Cezimbra), le jambage méridional des anticlinaux a disparu plus ou moins complètement, soit par suite du recouvrement par le jambage septentrional, soit par effondrement.

Les jambages septentrionaux sont plus ou moins réguliers; leurs strates plongent vers le Nord, ayant, en général, une inclinaison forte pour le Jurassique, et passant brusquement ou insensiblement à une inclinaison beaucoup plus faible pour le Crétacique et le Tertiaire.

L'ensemble de la chaîne est bordé au Nord, sur toute sa longueur (de Foz-da-Fonte à Palmella), par une ceinture tertiaire (Oligocène et Miocène), plongeant sous le Pliocène du plateau.

Nous avons déjà vu qu'à l'extrémité occidentale, le Miocène s'est déposé directement sur le Crétacique; l'Oligocène affleure sporadiquement de Matta-de-Rei jusqu'au ruisseau de Coina, mais de là il accompagne le Miocène jusqu'à Palmella. L'Oligocène, entre le dit ruisseau et Portella, puis le Miocène forment la crête du contrefort de l'ensemble de la chaîne.

A partir de Portella, la bande tertiaire se bifurque, la branche méridionale passant au Sud de la Serra de S. Luiz, en direction Ouest-Est. Le Miocène bute au Nord contre le Jurassique jusque vers Nena, puis il plonge sous des sables pliocènes, tandis qu'il se ploie subitement vers le Sud à la hauteur de Brancanes, par suite de la faille de Setubal. C'est probablement la continuation de cette même faille qui limite vers l'Est le plateau miocène de Palmella.

La ceinture miocène est coupée à Setubal par l'érosion, mais elle contournait le Viso vers le Sud, ce qui est prouvé par le lambeau du fort d'Albarquel. La bande crétacique qui l'accompagne s'étend jusqu'à Commenda.

Enfin on retrouve un lambeau de Tertiaire à Portinho, mais il n'est pas relié au reste de la ceinture.

Groupement des accidents longitudinaux en quatre lignes[1].— Considérée dans son ensemble, la chaîne est formée par des accidents longitudinaux, quoique les accidents transversaux y jouent un rôle fort important, et constituent parfois des montagnes.

Ce qui nous reste de la chaîne primitive nous montre trois lignes d'anticlinaux dirigées du W.S.W. à E.N.E., et se succédant en retrait vers le N.E., autrement dit comme les tuiles d'un toit. Elles semblent d'autant plus récentes qu'elles sont plus septentrionales.

1.°) La première ligne, qui s'étend du cap d'Espichel à Portinho, paraît n'avoir conservé que le jambage septentrional des voûtes longitudinales, sauf sur un point. Elle n'existe que sur les deux tiers occidentaux de la longueur totale de la chaîne.

2.°) La deuxième ligne n'occupe que la moitié orientale de la même longueur; elle est formée par les anticlinaux du Formosinho et du Viso.

3.°) La troisième ligne, qui n'occupe guère que le quart oriental, est formée par les anticlinaux de S. Luiz et de Gaiteiros.

4.°) Un accident postérieur à tous les autres est le charriage de l'*écaille miocène de Palmella* par-dessus l'extrémité de l'anticlinal de Gaiteiros.

---

[1] En 1903 (Crétacique, p. 2), je n'ai mentionné que 7 chaînons, mais de nouvelles études m'ont fait voir la convenance de séparer plusieurs accidents que j'avais réunis.

# Première ligne de dislocations

Nous commencerons l'énumération des accidents tectoniques par l'extrémité occidentale, quoique ce soit la partie que je connaisse le moins, autant à cause du peu de temps que j'ai pu lui consacrer, que par suite des difficultés de l'accès par mer, et de l'insuffisance de la carte au 20.000^e à l'extrémité de la chaine.

Parmi les huit accidents qui composent cette ligne, celui du château de Cezimbra est le seul anticlinal bien défini. L'accident de Baralha est un horst transversal et celui de la colline d'Ares peut être considéré de la même façon, ou comme un anticlinal dont un jambage serait resté en profondeur; je le désigne comme monoclinal. Les cinq autres accidents se trouvent au bord de la mer et ne présentent que le jambage septentrional. Le niveau de l'Océan empêche de constater si le jambage méridional est replié sous celui du Nord, s'il s'est effondré dans l'Océan, ou s'il s'agit de monoclinaux analogues à celui d'Ares.

## I. — Anticlinal d'Espichel

Voyez la carte, p. 42 et la phototypie, pl. VII

Cet anticlinal n'est représenté que par une partie du jambage nord.

Fig. n.° 4 — Vue coupe du cap d'Espichel

1, Dolomies bajociennes. — 2, Calcaires blancs à *Nérinées* et *Cyrena securiformis*. — 3, Ptérocérien inférieur (marno-calcaires et grès).

Au Sud du sémaphore, l'escarpement est formé par les dolomies, plongeant vers le Nord sous un angle de 70°, qui ne sont abordables qu'au sommet de la falaise, près de la cloche du sémaphore. Elles ne m'ont pas fourni de fossiles, mais leur âge bajocien semble prouvé par leur continuation vers l'Est où elles sont recouvertes par le Bathonien.

Auprès du sémaphore elles sont recouvertes par des calcaires blancs concordant en apparence avec les dolomies. Ils m'ont fourni des Nérinées et ***Cyrena securiformis*** (Sharpe) qui les classent soit dans la base du Néo-Jurassique, soit dans le Ptérocérien. Il manque donc entre deux le Bathonien et le Lusitanien.

La vallée passant à une centaine de mètres au N.E. du sémaphore présente déjà les grès et les marnes du Ptérocérien. L'inclinaison des strates s'affaiblit peu à peu vers le Nord pour atteindre 35° au sommet du Jurassique et 25° à la base du Crétacique (Lagosteiros).

Plus au Nord, les strates sont à peu près horizontales, puis se relèvent au contact du filon éruptif de Seixalinho, pour continuer ensuite à plonger vers le Nord.

Le profil des falaises reste à peu près le même jusqu'au ruz terminal du ruisseau de Casinha, à 800 mètres à l'Est du sémaphore, mais à partir de ce point, les calcaires lusitaniens s'intercalent peu à peu entre les dolomies et le Néo-Jurassique, puis c'est le tour des calcaires bathoniens, qui se terminent par une dislocation transversale à la pointe située à mi-distance entre le cap et le fort de Baralha. Cette pointe peut être considérée comme limite entre le chaînon d'Espichel et le horst de Baralha.

ENVIRONS DU CAP D'ESPICHEL

Le village au milieu de la carte devrait porter la désignation de *Azoia*, au lieu de *Adeia*.
m, entre Azoia et la cote 143 : bandes de dolomies, transversales à la direction des strates, voyez p. 46.
Le complexe marino-saumâtre étant calcaire dans cette région, n'a pas été séparé des calcaires lusitaniens (voyez, p. 24), mais il est seul représenté entre le cap et le premier ravin à l'Est.

## II. — Horst transversal du fort de Baralha

(Designé par II dans la carte d'ensemble, pl. I; voir en outre la carte ci-dessus)

Le flanc nord du ravin de Balieira présente deux parties distinctes: au bord de la mer, un petit plateau sur lequel se trouve un poste de douaniers, puis succède la montagne qui forme l'extrémité de l'anticlinal du Burgao. Le petit plateau précité est formé de calcaires blancs, en majeure partie dolomitiques, plongeant sous un angle d'environ 45° vers le N.W., tandis que la base de la montagne est formée par des dolomies fortement relevées; elles le sont moins vers le sommet, et supportent des calcaires blancs, bathoniens, réduits à une dizaine de mètres d'épaisseur, supportant à leur tour les calcaires lusitaniens plongeant régulièrement vers le N.W. Il y a, je crois, un pli renversé ou un chevauchement, mais je n'ai pu pu en continuer l'étude.

L'autre flanc du ravin présente toutes les strates plongeant régulièrement vers le N.W., sauf que le Bathonien y est réduit à deux lentilles de faibles dimensions. Cette succession relativement régulière, est coupée par une bande de Lusitanien à *Pholadomya Delgadoi*, d'une centaine de mètres de largeur, coupée vers l'Ouest par un horst orienté N.N.W. et incliné vers l'Ouest, présentant de l'Ouest à l'Est: les Dolomies (bajociennes, plutôt que liasiques), le Bathonien et le Lusitanien.

La ligne de contact entre les Dolomies et le Bathonien présente des avancements irréguliers, et des masses dolomitiques se trouvent au milieu du Bathonien.

Du côté du Sud, ce horst tombe brusquement dans une petite vallée située à 100 mètres plus bas, où se trouvent les ruines de la chapelle de Nossa Senhora dos Navegantes. Elle est entièrement formée par les calcaires du Lusitanien, en partie recouverts par du Pliocène (voyez la carte du cap; cette petite vallée n'est pas indiquée dans la carte au 20.000°).

Nous remarquerons en outre un petit filon de roche éruptive décomposée, au Nord du horst, dans des marnes néo-jurassiques, qui en contiennent peut-être d'autres.

## III. — Anticlinal du Burgao[1]

(Syn: Anticlinal de la baie de Mijona, 1903). — Pl. I, II et carte d'Espichel

Le jambage nord est seul conservé. Entre les ruisseaux de Balieira et de Cavallo, s'étend une montagne en forme de croissant, dont la corde a 6 kilomètres de longueur, s'élevant, de l'Ouest à l'Est, de 144 mètres à 240 (Picoto do Cavallo). La baie que forme ses falaises porte le nom de Cova-da-Mijona dans la carte Neves Costa et dans le plan hydrographique.

C'est au milieu de la baie qu'affleurent les strates les plus anciennes. Vers le sommet des falaises se trouvent les couches à Brachiopodes, surmontant un complexe de calcaires dolomitiques et de calcaires marneux paraissant ne représenter que le Sinémurien; en tous cas, les marnes infraliasiques n'y sont pas visibles.

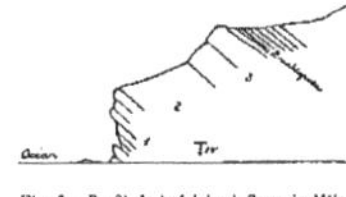

Fig. 6 — Profil de la falaise à Cova-da-Mijona

1. Calcaires en bancs minces.
2. Marnes verdâtres et dolomies.
3. Calcaire siliceux très dur, imitant une brèche à fragments anguleux.
4. Calcaire un peu marneux, à nombreux Brachiopodes (Lias moyen).

Je n'ai étudié les falaises que sur les 2 kilomètres occidentaux. Elles présentent trois dislocations transversales.

La première, correspondant au village d'Azoia, se trouve sur le prolongement du grand décrochement transversal, aboutissant au filon éruptif de Seixalinho, et qu'il est surtout facile de constater dans le Crétacique, au Nord de Casaes-d'Azoia (rejet horizontal de 500 mètres). Au contact du

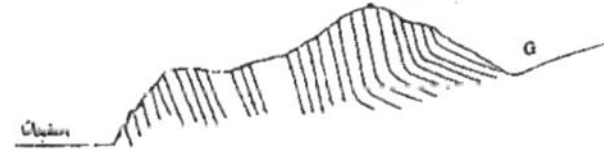


Fig. 7. — Picoto-do-Cavallo, extrémité orientale de la colline du Burgao, vue depuis le Pedrogão.

Néo-Jurassique avec les calcaires lusitaniens, ces derniers présentent deux bandes transversales de dolomies que je suppose métamorphiques (*m* dans la carte d'Espichel).

Les deux autres dislocations, à 400 et 1200 mètres au N.E. de la première, sont moins importantes et ne paraissent pas se prolonger jusqu'au Crétacique, où l'on en voit par contre une autre, près du moulin de Cabeços.

[1] La désignation de Burgao est empruntée à la carte Neves Costa, qui désigne comme «Serro do Burgao» la moitié occidentale de cette crête; dans la carte chorographique le sommet terminal, vers l'Ouest, est nommé «Picoto-do-Cavallo».

## IV. — Anticlinal du fort de Cavallo

(Carte pl. II, vues: planches VIII et IX et fig. 5 des profils de Cezimbra, p. 46-bis)

Les calcaires du pied méridional de la colline du Cintrão, et ceux qui forment le petit plateau du fort du Cavallo, contiennent tous deux de nombreux Stromatoporides et quelques Nérinées, ce qui me porte à les considérer comme faisant partie de la base du Néo-Jurassique. Ceux de la première de ces collines plongent vers le S.W., tandis que ceux de la deuxième plongent N. ou N.N.W., ce qui suffirait pour montrer qu'ils n'appartiennent pas au même anticlinal, mais il y a plus, ils sont séparés par un pli accentué, sorte de fossé dans lequel les grès et les marno-calcaires ptérocériens sont comprimés (profil V, 46-bis).

Ce petit plateau semble donc être le témoin d'un anticlinal complètement disparu.

## V. — Anticlinal du château de Cezimbra

Représenté par ses deux flancs. Direction S.W., donc diagonale à la direction générale de la chaine. Décrit en détail à la fin des accidents de la première ligne de dislocation.

## VI. — Monoclinal d'Ares [1]

Accident transversal, dirigé vers le N.N.W.; traité en détail plus loin.

## VII. — Anticlinal du Risco [1]

(1906, non 1903)

Le jambage nord est seul conservé.

En 1903, j'ai compris sous cette dénomination toutes les hauteurs situées entre les moulins du Facho et Portinho; je me suis convaincu depuis lors qu'il faut en séparer non-seulement l'anticlinal d'Ares, mais aussi qu'il convient de le limiter du côté de l'Est par les dislocations transversales aboutissant entre Calhao-do-Risco et Foz-do-Fojo [2].

Son point culminant, nommé Pincaro, s'élève presque abruptement à 380 mètres au dessus de la mer. La falaise semble présenter la série régulière des terrains, la base étant formée par les marno-calcaires à Gervillies; mais le sommet de toute la falaise est constitué par les calcaires du Malm.

Les strates s'abaissent très rapidement vers l'Est, peut-être par l'effet de failles transversales? si bien que le Lusitanien est à une faible hauteur au-dessus de l'Océan à Calhao-do-Risco; je crois pourtant que le Bathonien y existe.

---

[1] La désignation de «Serro d'Ares» s'applique, d'après la carte Neves Costa, à la partie la plus rapprochée du cap d'Ares (plan hydrographique); la partie qui lui fait suite jusqu'aux moulins du Facho, près de Sant'Anna, n'aurait pas de nom, d'après les renseignements fournis par les habitants de Cezimbra.

En 1904 j'ai réuni ce monoclinal à celui du Risco, ce qui n'est pas soutenable, vu le changement brusque dans la direction des strates.

[2] Le mot Fojo figure dans la carte de l'Etat-Major, auprès d'une petite colline arrondie, située entre deux ravins; l'embouchure de celui du N.E. porte, dans la carte de Neves Costa, la désignation de Foz-do-Fojo; vu la profondeur de ce ravin, il est tout naturel qu'il porte la désignation de Fojo (trou, fossé profond).

## VIII. — Anticlinal du Solitario

La forêt du Solitario s'étend depuis le ravin d'Alpertuche jusqu'au col de Cabeço do Jaspe, tandis que l'anticlinal auquel j'applique la désignation de Solitario a presque une longueur double, car il se termine au Risco. Il comprend les sommets suivants:

Un monticule entre Calhao-do-Risco et le ravin situé au N.E.

Un deuxième, limité par le ruisseau de Fojo. La hauteur la plus rapprochée de la mer supporte les ruines d'une bergerie, indiquées dans la carte de l'Etat-Major; à sa base, au bord de la mer, se trouve une maison de pêche nommée Calhao-do-Alho.

Un monticule, situé au N.W., entre les deux mêmes ravins (cote 240), porte dans la carte Neves Costa la dénomination de Cabeço do Mouro.

Au N.E. du ravin du Fojo, s'élève le Cabeço do Jaspe[1] (cote 270) qu'une faible dépression sépare d'un autre monticule (cote 225, Cabeço do Guincho?), s'étendant jusqu'au port d'Alpertuche, où le chaînon se termine par un ploiement des strates vers l'Est.

Cette bande de falaises, qui n'a pas 4 kilomètres de long sur 200 mètres de large, ne m'est qu'imparfaitement connue, et paraît fort compliquée à son extrémité occidentale.

En en suivant le pied en bateau, de l'Est à l'Ouest, on voit le Lusitanien et le Bathonien s'élever au-dessus de la mer au port d'Alpertuche, puis le bas de la falaise est formé par les calcaires dolomitiques. Les marnes à Gervilleia apparaissent vis-à-vis des rochers de «Tres-Irmãs» et s'étendent presque jusqu'à Foz-do-Fojo.

Une promenade en bateau laisse l'impression d'une structure fort simple, tandis qu'elle est très compliquée, par suite de failles transversales amenant des dénivellements, fréquents surtout entre Tres-Irmãs et Calhao-do-Risco. Ces dislocations se prolongent à travers l'extrémité occidentale de l'anticlinal du Formosinho, et doivent frapper toute personne un peu attentive, passant par les chemins d'El-Carmen.

Si nous suivons le sommet de la falaise vers le N.E., nous voyons, au ravin au Sud de Fojo, les couches bathoniennes verticales séparées des conglomérats néo-jurassiques par une faille longitudinale. A Foz-do-Fojo, il y a une chute brusque; le Lusitanien surmonte le Bathonien au bas de la vallée, tandis qu'à Cabeço-do-Jaspe, ce dernier est remonté brusquement jusqu'au sommet et est recouvert directement par les conglomérats néo-jurassiques!

---

# DESCRIPTION DÉTAILLÉE DES DISLOCATIONS DE CEZIMBRA[2]

(Carte pl. II; profil général II, pl. I; cinq profils: p. 46 bis; vues pl. VII, VIII et IX)

**Composition du sol.** — La colline d'Ares présente, entre Cezimbra et le hameau de Pedreiras, une coupe complète, régulière, depuis les marnes gypsifères de l'Infralias, jusqu' au sommet des calcaires lusitaniens (Pl. I, profil II).

---

[1] Carrières du XVIIIe siècle des marbres dits «brèches du Portugal», tandis que les carrières ouvertes à la fin du XIXe sont situées au Nord de Calhao-do-Risco.

[2] Link, Eschwege et Sharpe n'ont donné que peu d'attention à cette contrée. La première mention de ses roches éruptives a été faite par Eschwege en 1832; il dit qu'à côté de Cezimbra se trouvent quelques monticules de formation trappéenne, des *trachytes celluleux* et, au-dessus, du *calcaire alpin* ou *zechstein* (*Memoria geognostica*, p. 270.) Sharpe l'a mentionné em 1841, comme le seul affleurement de basalte qu'il ait reconnu au Sud du Tage (Transact. geol. Soc. of London, t. VI, p. 126).

En 1882 *(Vallées tiphoniques)* j'ai indiqué les traits principaux de cette contrée, et J. Macpherson en a fait connaître la teschénite, roche qui, à cette époque, n'était signalée que de la Moravie, la Silésie et le Caucase.

Pour les détails concernant l'Infralias, les roches éruptives et le gypse, on se reportera à la première partie (p. 17).

Le complexe dolomitique a de 500 à 700 mètres de puissance, en y comprenant les alternances de calcaires blancs de la partie supérieure, alternances qui compliquent beaucoup l'élucidation de la tectonique.

Le profil de Pedreiras montre 200 mètres pour le Bathonien et environ 150 pour le Lusitanien, qui se termine par les bancs très fossilifères à *Rhynchonella Arrabidensis*. Nous avons déjà vu (p. 24) que le facies est différent à l'Ouest de Cezimbra; les collines de Cintrão et de Pedrógão sont formées par des calcaires en bancs épais, paraissant avoir une grande puissance, car ils plongent régulièrement vers le N.W. Les quelques mauvais fossiles qu'ils ont fournis, et les caractères pétrographiques, me les font considérer comme Jurassique supérieur.

Le Néo-Jurassique ne contient pas encore les conglomérats dits «Brèches de l'Arrabida»; il est formé de marnes et de grès, avec quelques bancs de marno-calcaires fossilifères, la couleur dominante étant le rouge. Vers la base se trouvent de gros bancs de grès blancs, grossiers, qui pourraient faire croire au Crétacique. Les marnes affectent différentes couleurs; lorsqu' elles sont rouges, elles peuvent amener de la confusion avec les marnes infraliasiques, mais ces dernières sont plus grasses et ne contiennent pas de grès.

Le Ptérocérien peut être étudié entre le moulin de Palames et le rivage, où il est très fossilifère, mais l'ensemble du Néo-Jurassique est plus complet sur la route du moulin de Frade, quoique le Portlandien n'y soit pas bien découvert. Il parait formé par des couches très meubles, les bancs calcaires formant exception. C'est dans la même direction que le Crétacique de cette région présente la plus grande série de strates, qui ne représentent pourtant que les grès néocomiens et les calcaires barrêmiens, surmontés par quelques assises de grès argileux avec empreintes de végétaux.

Les grès du Crétacique contiennent des bancs ferrugineux très compacts et des calcaires fossilifères; on trouvera (pag. 29) la coupe de la route d'Alfarim, dans la ceinture crétacique. Sauf ce point voisin, ils ne forment dans la contrée que l'affleurement de Cezimbra.

Des sables superficiels, quaternaires ou pliocènes, couvrent de grandes surfaces au Nord de la faille de Sant'Anna. A l'intérieur de la dislocation, je ne les connais que des deux extrémités de l'affleurement infraliasique: immédiatement au Sud de Sant'Anna, où ils ont franchement l'aspect pliocène, et près de Casal-do-Mauricio, où ils sont remaniés par les cultures. Un troisième lambeau se trouve dans la dislocation qui sépare la colline de Palames de celle du Cintrão.

Cette région présente deux accidents principaux: l'anticlinal du château, dirigé approximativement du N.E. au S.W. et le monoclinal d'Ares dont le pied, délimité par une faille, a une direction de N.N.W. à S.S.E. Ces deux accidents forment donc un triangle ayant l'Océan au midi; ils se rencontrent sous un angle de 50 à 55°, au hameau de Sant'Anna, où ils se terminent contre la faille de Sant'Anna, dirigée en moyenne de l'Est à l'Ouest. Vers l'extérieur, ils se terminent tous deux par un changement brusque dans la direction des strates; celui de l'Est marque le commencement de l'anticlinal du Risco, et celui de l'Ouest le commencement de l'anticlinal du Burgao.

La faille N.N.W.-S.S.E., qui limite le monoclinal d'Ares, a sa répercussion dans des dislocations transversales, la plus importante passant par le château de Cezimbra et le signal de Frade.

*a.* **Anticlinal du château de Cezimbra.** — Cet accident est formé par une vallée de marnes infraliasiques, avec bancs de calcaires dolomitiques et filons de roches éruptives, flanquée au N.W. et au S.E. par des collines de calcaires du Malm [1], dont les strates plongent dans leur ensemble vers l'extérieur.

Les dolomies et la roche éruptive sont dirigées en général dans le sens de la vallée, sauf au voisinage de la grande faille d'Ares, où les filons sont parallèles à la faille, c'est-à-dire transversaux à la vallée.

---

[1] Comme je l'ai dit dans la *Composition du sol* (p. 24) il est probable que ces calcaires, dont la faune se réduit à peu de chose, appartiennent à la base du Néo-Jurassique et non pas au Lusitanien.

**Cliché 8. — Anticlinal du château de Cezimbra**

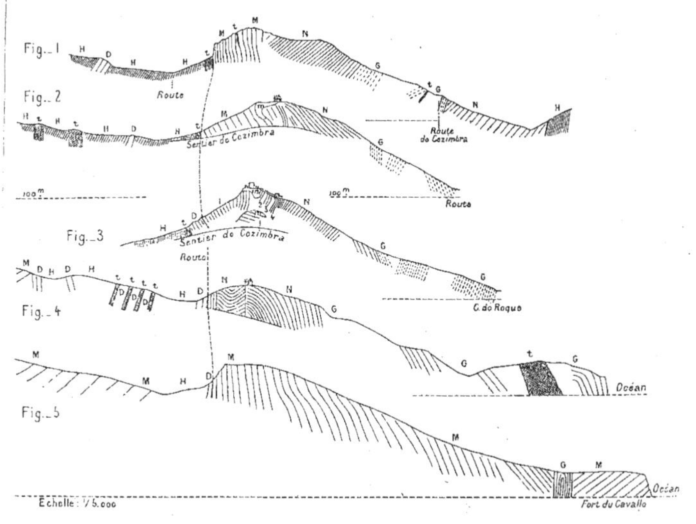


t filons éruptifs.
M Marnes gypsifères.
D Dolomies infraliasiques.
Jurassique supérieur : M Calcaires en bancs très épais, avec fossiles du Malm, en général : *Trichites, Nérinées, Ostrea pulligera.*
m Passage de ce calcaire à des dolomies saccharoïdes, jaune clair, noircies à la surface par l'action de l'air.
N Calcaires en bancs minces, formant la partie supérieure du massif calcaire.
G Grès et marnes du Ptérocérien.
— Les traits chargés indiquent des failles.

La trace de ces profils est indiquée dans la carte, pl. II ; ils sont à peu près parallèles, et orientés du N.W. au S.E.

La ligne de terre des figures 1 à 3 est à 100 mètres au-dessus de l'Océan.

Fig. 1 Extrémité N.E. de la colline de Forca (Voyez la phototypie, pl. VII, fig. 1).
Au-dessous de la route royale, j'ai fait figurer le petit lambeau de calcaire N qui se trouve au milieu des grès ptérocériens, à la limite de l'aire infraliasique, un peu au Nord du passage du profil.

Fig. 2. Extrémité méridionale de la colline précédente.

Fig. 3. Vue coupe de l'extrémité septentrionale de la colline du château.
1, 1. Calcaires blancs, en bancs très épais, avec débris de Perna, Nerinea et nombreux *Ostrea pulligera.*
2. Calcaires gris, massifs.
3. Calcaires noirs, massifs, gris par altération, présentant une paroi lisse, avec traces de filon éruptif.
4. Calcaires noirs, en bancs minces, blancs par altération, fossiles rares : Nérinées, Polypiers.
(Le profil général, pl. I, passe entre les profils 3 et 4.).

Fig. 4. Extrémité septentrionale de la colline de Palames (Voyez la phototypie pl. VIII.).

Fig. 5. Coupe à travers le Cabeço do Cintrão et le plateau du fort du Cavallo.

Les monogrammes des phototypies ont la même signification que ceux des profils.

Le Jurassique supérieur est parfois en contact direct avec les marnes infraliasiques, mais le plus souvent il y a entre deux des bancs de calcaires dolomitiques, à apparence liasique, redressés plus ou moins verticalement, ce qui est aussi le cas pour les calcaires lusitaniens.

A l'extrémité N.E. et vers l'extrémité S.W., se trouvent deux coupures transversales profondes qui, dans les deux cas, provoquent un avancement des marnes dans le Jurassique supérieur, ce qui ferait supposer que ce dernier leur est superposé, question que nous examinerons plus loin.

L'affleurement infraliasique est coupé au Nord par la faille de Sant'Anna, tandis qu'au S.W. il finit en biseau au milieu des calcaires lusitaniens, près de Casal-do-Mauricio; l'extrémité est masquée par un dépôt de sables superficiels quaternaires ou pliocènes, dans les intervalles desquels pointent des calcaires grisâtres.

Depuis l'extrémité de ces sables jusqu'à la mer, toute la largeur (400$^{m}$) est occupée par le calcaire montrant d'abord le plongement vers deux directions opposées (N.W. et S.E.), tandis qu'au bord de la mer il plonge vers le N.E. et semble donc être, en ce point, la continuation de la colline de Burgao.

Flanc sud-est.—Le flanc oriental, ou plutôt S.E., est composé par les collines de la Força, du château, de Palames et de Cintrão, formées du côté intérieur par les calcaires lusitaniens, et du côté extérieur par les marnes et grès ptérocériens et le Crétacique à son extrémité orientale.

Ces collines sont séparées par des coupures plus ou moins profondes qui permettent de se rendre compte de leur structure, et même d'en tirer des photographies.

A l'extrémité septentrionale de la colline de la Força, les marnes infraliasiques font un angle vers le Sud, comme si elles passaient sous les calcaires, mais l'examen détaillé du contact semble prouver le contraire. La ligne de contact anormal, traversant la route de Cezimbra, montre un lambeau de calcaire au-dessous d'une petite maison qui servait d'écurie à la mine de gypse de Boiças (indiquée dans la carte entre Padeiro et G).

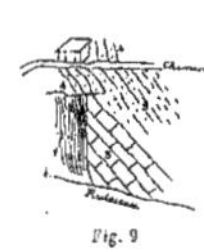

1 Marnes infraliasiques.
2 Roche éruptive décomposée.
3 Calcaires du Malm.
4. 4 Grès blancs du Néo-Jurassique.
5 Marnes et grès de même âge.

Fig. 9

Les marnes infraliasiques sont redressées contre la tranche des calcaires, mais tout en bas elles sont un peu recouvertes par ces derniers.

C'est depuis 50 mètres au Nord de cette maison que l'on peut le mieux observer l'extrémité de la colline de Força (phototypie pl. VII).

Les calcaires en bancs épais (M) sont de couleur foncée, en partie noirs, et pourraient faire confusion avec les calcaires du complexe dolomitique; mais ils contiennent de nombreux Stromatoporidés siliceux et, dans les bancs moins compacts, quelques Trichites et *Ostrea pulligera;* ils appartiennent donc bien au Malm, et doivent leur couleur à une action métamorphique.

Ils affectent différentes directions de E.-W. à N.E.-S.W., et sont verticaux ou même légèrement renversés à la base, mais présentent vers le haut, sur quelques points, une inclinaison de 40°.

Ces calcaires en bancs épais sont séparés par une faille des calcaires en bancs minces (N), plus récents, plongeant contre la colline, par conséquent renversés sur les grès ptérocériens. Le petit lambeau de calcaire, au-dessous de la route, est évidemment de même âge que les couches minces, quoiqu'il soit recouvert par les grès ptérocériens.

Si nous examinons l'extrémité méridionale de la colline (fig. 2), nous voyons au contraire toutes les couches calcaires plonger vers le S.E., en opposition à ce qui se passait à l'extrémité septentrionale, pour les strates supérieures. Un autre fait nous frappera: c'est que le moulin de Facho repose sur une roche noirâtre extérieurement (*m*) qui n'est autre chose qu'une dolomie saccharoïde, que l'on prend au premier abord pour la dolomie liasique ou bajocienne. On est pourtant surpris de la voir finir en coin au milieu de calcaires blancs, qui contiennent des fossiles du Malm aussi bien à l'Est qu'à l'Ouest. Examinant le fait de plus près, on voit cette dolomie passer au calcaire blanc fossilifère; on peut suivre la transformation dans le même banc. Cette masse dolomitique dépasse à peine le moulin, vers le N.E., mais il y en a une deuxième un peu plus au Nord.

Dans ce profil, la faille longitudinale est moins visible qu'à l'extrémité nord, mais je crois qu'elle passe à l'Est de la masse dolomitique.

Nous gravirons ensuite, jusqu'à mi-hauteur, ce flanc méridional de la Forca, pour faire face à la colline du château (fig. 3 et pl. IX).

Ici, la coupe est plus compliquée, par suite des grandes dimensions d'une masse de dolomie, en occupant la partie la plus élevée. Elle est aussi incluse à l'Est et à l'Ouest dans des bancs de calcaire blanc, mais les plus rapprochés, du côté de l'Est, sont teintés de gris et même de noir, comme ceux de l'extrémité nord de la Forca. La faille entre les calcaires épais et les calcaires minces est bien visible, et présente même les vestiges d'un filon éruptif. Les couches sont de nouveau renversées, comme à l'extrémité N.E. de la Forca. Sur le flanc occidental, on peut suivre le passage de la dolomie au calcaire blanc, et ce dernier entoure complètement la dolomie du château, la séparant de la dolomie liasique qui forme le pied de la colline. A l'extrémité S.E. de la colline du château, les calcaires du Malm plongent vers le Sud-Est, contrairement à ce qui a lieu à l'extrémité N.E., mais conformément à l'extrémité N.E. de la colline de Forca.

Nous avons donc alternativement quatre changements d'inclinaisons, ce qui est indiqué dans la carte par la direction des flèches.

Ces changements brusques dans le plongement correspondent évidemment à des dislocations transversales que l'on retrouve dans la vallée infraliasique, par l'interruption brusque des bancs de dolomies et des filons éruptifs, et par la pointe que forment les dolomies liasiques, au S.W. du moulin de Casalão. La dislocation qui limite brusquement, vers le Sud, la masse dolomitique du château, se trouve sur le prolongement du pentagone ptérocérien de Casal-da-Serra, pincé entre l'Infralias et le calcaire du Malm, prolongement qui est lui-même sur celui du décrochement du moulin de Frade.

Descendons du château vers le S.E., en suivant l'arête de la colline jusqu'à ce que nous découvrions complètement le flanc nord de la colline de Palames, et nous aurons de nouveau sous les yeux une vue coupe d'une clarté parfaite (phototypie pl. VIII; profil fig. 4).

Les strates du Malm forment vers l'Est une voûte régulière, mais elle est rompue à son axe longitudinal, qui passe à peu près par le moulin; les strates ondulent vers l'Ouest et viennent buter contre les plus occidentales qui sont parfaitement verticales. Ces dernières s'appuient contre les marnes infraliasiques ayant un lambeau de calcaire dolomitique au bord du ravin.

Au Sud de Palames, il y a interruption des calcaires du Malm, amenant le contact des marnes ptérocériennes avec les marnes infraliasiques (Voyez la carte). Ces dernières s'avancent vers le ravin, comme si elles passaient sous le Malm, mais le flanc oriental du ravin montre le Ptérocérien vertical (S.W. de Casal-do-Cebola). Ce Ptérocérien est formé par des marnes rouges et des calcaires gris que l'on prend au premier abord pour l'Infralias, mais un examen attentif montre des bancs de grès blanc qui ne se trouvent que dans le Malm, et les calcaires présentent même des restes de fossiles.

Au-dessus de la paroi abrupte de ce ravin se trouve un banc de calcaire vacuolaire à aspect dolomitique, reposant sur la tranche du Ptérocérien. Ce calcaire, qui se voit aussi auprès du ruisseau actuel, me paraît être du travertin.

De l'autre côté du ravin s'élève une nouvelle colline de calcaire du Malm, analogue aux précédentes, c'est le Cintrão (Phototypie pl. VIII, coupe fig. 5). Il y a donc dislocation transversale entre cette colline et celle de Palames; cette dislocation devient presque longitudinale en s'inclinant un peu vers le S.S.W.; elle passe le long du rivage et sépare le Cintrão du plateau du fort du Cavallo (G de fig. 5).

Du côté de l'Infralias, les calcaires du Cintrão se relèvent jusqu'à la verticale, tandis que sur le versant extérieur, ils ondulent et plongent enfin franchement vers le S.E. Au point culminant de l'extrémité N.E. se trouve aussi une masse dolomitique analogue à celle du château; elle ne se prolonge pas vers l'Ouest, mais on en retrouve deux autres vers l'extrémité opposée.

Cette colline présente aussi des décrochements horizontaux, de faible amplitude, étant surtout sensibles au bord interne.

Les calcaires en bancs épais du flanc N.W. pourraient être, à première vue, pris pour du Bathonien, tandis qu'ils ont fourni des fossiles du Malm.

Flanc nord-ouest—Ce flanc est formé, au Nord, par la petite colline de Casalão, que la dépression de Casal-do-Manta,[1] utilisée par la route d'Espichel, sépare de celle de Pedrógão, dos allongé, atteignant près de 3 kilomètres. Cette deuxième partie paraît fort simple, elle est formée par des calcaires du Jurassique supérieur, paraissant plonger régulièrement vers le N.W., mais il est fort difficile d'y faire la distinction entre le plan des strates et les diaclases.

L'extrémité septentrionale est fort compliquée. Près de la faille de Sant'Anna (fig. 8), les calcaires lusitaniens forment un avancement curieux, et le profil ne l'est pas moins, mais il est mal découvert du côté du Nord, où un petit lambeau de calcaire blanc paraît recouvrir les grès ptérocériens.

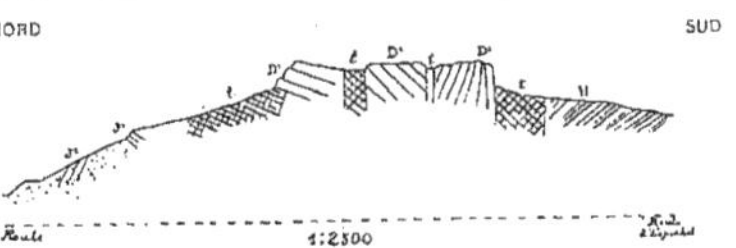


Fig. 10.—Extrémité septentrionale de la colline de Casalão
H—Marnes gypsifères.—D', D', D', Dolomies infraliasiques et sinémuriennes—J[1], (affleurement supérieur) calcaires du Jurassique supérieur — J[2] (affleurement inférieur) grès ptérocériens—t, t, t, Teschénite (Le quadrillage a été oublié dans le petit filon du sommet).

La coupe est plus simple au moulin de Casalão, les marnes infraliasiques sont en contact avec les dolomies liasiques verticales, et celles-ci avec les calcaires du Malm, plongeant vers l'extérieur sous un angle de 60°, se prolongeant vers le N.W. sur plus de 1100 mètres. Ce n'est qu'à leur extrémité N.W. que j'ai vu des anomalies; ils présentent des passages à la dolomie (*m*) comme ceux du château, et sont fortement disloqués.

A 400 mètres au S.W. de Casalão se trouve un triangle de dolomies sinémuriennes[2] s'avançant dans le Malm.

Au coin de ce triangle, près de Casal-do-Manta, les dolomies plongent vers l'extérieur sous un angle de 45 à 50 degrès, ce qui est aussi le cas pour les calcaires du Malm, paraissant donc concordants, tandis que le contact est irrégulier sur d'autres points; il y a des pointements de calcaire du Malm dans la dolomie.

A la base méridionale du triangle dolomitique se trouve un paquet de Ptérocérien[3], de forme pentagonale, limité par des failles qui, du côté interne de l'anticlinal, le mettent en contact avec les marnes infraliasiques, et du côté extérieur avec les calcaires du Malm.

Les flèches indiquées dans la carte montrent que ces calcaires sont en partie déviés de leur orientation S.W.-N.E. et qu'au coin S.W. du pentagone, ils forment un pointement entre le Ptérocérien et l'Infralias. Ce pointement est indiqué (M) dans le profil de Pl. I, entre les grès et l'Infralias.

L'inclinaison des strates du paquet ptérocérien n'est observable que sur deux points: vers le milieu, où elles plongent environ 45° Nord, et au contact des dolomies, où elles sont verticales.

Le flanc N.W. est donc terminé au Nord par des dislocations, tandis qu'au Sud, un angle brusque le sépare de la colline de Burgao. Je n'ai pas fait d'observations me permettant de dire si

[1] La carte de l'Etat-Major indique deux maisons avec la dénomination de Casal-do-Manta; l'une au bord de la route d'Espichel, et l'autre à 400 mètres à l'Ouest. Dans la carte géologique, je n'ai fait figurer ce nom que pour la première, car ce n'est que de celle-ci que j'ai à m'occuper.

[2] La base franchement hettangienne a fourni une lumachelle de Lamellibranches avec un exemplaire de *Cylindrobullina Sharpei;* les strates supérieures n'ont pas donné de fossiles, mais vu leur compacité, je les suppose sinémuriennes.

[3] La maison qui se trouve à la pointe N.W. de ce pentagone semble correspondre, sur la carte de l'Etat-Major, à Cova-da-Raposa, tandis que les habitants la nomment Casal-da-Serra, terme que j'ai introduit dans ma carte.

c'est un pli ou une rupture; je ferai seulement remarquer que ce changement de direction est accompagné par un filon de roche éruptive, visible au bord de la mer.

*b.* **Monoclinal d'Ares.** — Nous avons vu que cette colline est dirigée obliquement à la chaîne, et est limitée vers le S.W. par une faille mettant les marnes infraliasiques en contact avec le Crétacique. Cette faille a une direction moyenne de S. 22° E.

Du bord de la mer jusque vers Casal-do-Facho, les strates formant cette colline plongent plus ou moins régulièrement vers le N.E.; l'abrupt formé au-dessus des marnes infraliasiques par les calcaires sinémuriens a une silhouette fort caractéristique, par suite de l'alternance d'assises de roche résistante et d'assises marno-calcaires. Cette silhouette est surtout accentuée dans le tiers méridional, où l'escarpement est le plus abrupt.

Fig. 11. — Profil au bord de la mer, près de la fabrique de guano. (Explication, p. 18).

Le contact du Crétacique et de l'Infralias est bien observable près de la mer, au-dessus de la fabrique de guano. Le Crétacique qui, en ce point, plonge sous un angle d'environ 45°, se relève verticalement au contact des marnes infraliasiques. Il y a donc faille, et non recouvrement.

A l'enfoncement que le Crétacique forme dans l'Infralias au S.S.E. du moulin de «Sete Caminhos», on voit aussi ces strates se redresser (Pl. I, profil II), mais c'est bien moins visible qu'à la fabrique de guano.

Sur le reste de la faille, la nature peu consistante de la roche ne permet pas de reconnaître le détail du contact, qui n'était pas observable dans la galerie de l'ancienne mine de gypse (G., au S.W. des moulins du Facho), du moins à l'époque où je l'ai visitée.

L'allure générale des strates du Crétacique est bien observable; elles plongent vers le Nord ou le N.E., à l'extrémité sud de l'affleurement, mais plus haut, on les voit plonger vers l'Est, sous un angle variant de 45 à 80°. L'inclinaison des marnes infraliasiques, des calcaires dolomitiques qui les surmontent, et même du filon-couche de roche éruptive, est moins accentuée et varie entre 25 et 45°.

La galerie de l'ancienne mine de gypse présentait la coupe suivante:

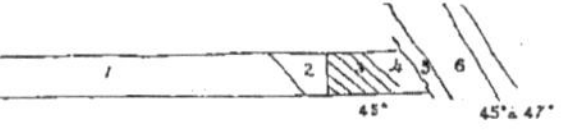

Fig. 12. — Galerie de la mine de gypse de Boiças

1. Marnes rouges et blanchâtres.
2. Roche éruptive décomposée.
3. Marne rouge avec gypse fibreux. Plongement 45°.
4. Masse d'anhydrite.
5. Filon couche de porphyre augitique.
6. Calcaire siliceux du Sinémurien inférieur, plongeant de 45 à 47°.

Au Nord du parallèle de Casal-do-Facho, les strates cessent de plonger régulièrement vers le N.E., et on perd la piste des couches à Brachiopodes et des couches à *Gervilleia*. Le massif dolomitique et le massif bathonien s'étirent vers l'Ouest et viennent mourir au Nord du moulin de Sant'Anna.

La bande de calcaires lusitaniens superposés au Bathonien continue sa marche S.E.–N.W. jusqu'à la faille de Sant'Anna, puis s'infléchit brusquement vers l'Ouest pour venir passer à 20 mètres au Nord du moulin de Sant'Anna, et se terminer contre la faille du pied du monoclinal d'Ares.

*c.* **Faille de Sant'Anna.** — Je donne le nom de faille de Sant'Anna à la dislocation qui limite le massif calcaire vers le Nord, en le mettant en contact avec les marnes et les grès du Ptérocérien. La différence lithologique de chaque côté de la faille produit généralement un dénivellement accentué du terrain, et un contraste entre les cultures des terrains meubles et l'aridité du massif calcaire.

Cette faille est fortement ondulée, s'infléchissant vers le Sud avant le hameau de Sant'Anna; sa direction moyenne est de l'Est à l'Ouest, et sa longueur au pied des calcaires, de 3 kilomètres, mais il est possible qu'elle continue dans le massif détritique où elle serait difficilement observable.

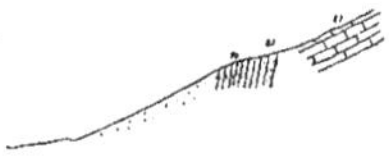

Fig. 13.— Faille de Sant'Anna à 1000 mètres à l'Est du hameau

Dans le talus de la route, près du four à chaux situé à 1400 mètres à l'Est de Sant'Anna, les calcaires sont formés de bancs minces, froissés irrégulièrement et semblant, par places, recouvrir légèrement les grès ptérocériens. 400 mètres à l'Ouest de ce four, les calcaires plongent sous un angle de 25°, tandis que les grès sont redressés à 80°, et atteignent même la verticale.

A 500 mètres à l'Est de Sant'Anna, près du four à chaux de la fabrique de savon, une tranchée bien fraiche montre la coupe suivante:

Fig. 14.—Faille à la fabrique de savon

1. Calcaires lusitaniens.
2. Calcaires marneux.
3, 3, Marne grise.
4, 4, Marne rouge.
5. Grès jaunâtre.
6. Roche éruptive décomposée [1].

Le filon éruptif est difficilement observable, mais nous en voyons d'autres, de position analogue dans le hameau.

La faille de Sant'Anna passe au Sud des maisons orientales du hameau, puis le traverse obliquement. On voit encore des dolomies et de la teschénite au pied des maisons situées au Nord de la route, puis la faille va se buter contre le petit appendice que forment les calcaires du Lusitanien à l'Est du hameau. En ce point, les calcaires lusitaniens semblent renversés sur les grès ptérocériens (fig. 10, pag. 49).

Cette petite dislocation transversale n'est pas unique, il y en a trois ou quatre sur les premiers 100 mètres, puis les calcaires plongent plus ou moins régulièrement sous les grès.

Le contact est assez bien visible entre Aldeia-dos-Gatos et le chemin allant de Casalão vers le Nord; l'inclinaison des calcaires passe brusquement de 45° à 80°, mais tout à côté, ce changement d'inclinaison n'existe plus.

Toute cette limite présente des changements brusques dans la direction des strates.

**Résumé.** — Les dislocations de Cezimbra comprennent deux traits principaux ayant tous deux les marnes infraliasiques (pseudo-trias) comme terme le plus ancien. Ce sont l'anticlinal du château, dirigé du N.E. au S.W., et le monoclinal d'Ares, dirigé N.N.W. à S.S.E. La faille qui limite ce dernier, du côté occidental, coupe obliquement le premier, qui ne la dépasse pas. Ils se réunissent donc à leur extrémité nord, où ils sont coupés de l'Est à l'Ouest par la faille de Sant'Anna, transversale à tous les deux. Si l'on considère l'ensemble de la chaine de l'Arrabida, ces deux accidents se présentent comme des dislocations transversales, et la faille de Sant'Anna, comme une dislocation longitudinale, mais on peut aussi considérer l'anticlinal du château comme une dislocation longitudinale, déviée de sa direction par le monoclinal d'Ares, jouant le rôle de butoir transversal, et la faille de Sant'Anna devient transversale à l'anticlinal.

Une autre différence, non moins profonde, existe entre les deux accidents: tandis que le monoclinal d'Ares présente la succession normale des strates, depuis l'Infralias au Ptérocérien, l'anticlinal

[1] L'état de décomposition avancée de cette roche me laissant dans le doute sur son origine, je l'ai communiquée à Mr. V. de Souza-Brandão, qui m'écrit que sa nature éruptive ne peut pas être mise en doute: C'est une roche à structure porphyrique, dont la pâte est aujourd'hui transformée en un mélange d'argile et de calcite, avec fragments lamellaires de mica noir, des restes de feldspath, de fer oxydulé magnétique et peut-être de quartz. Dans cette pâte grenue, on distingue des sphénocristaux à surface unie.

du château montre le contact direct de l'Infralias avec les calcaires du Jurassique supérieur, c'est-à-dire la disparition de toutes les strates intermédiaires.

Les dolomies de l'anticlinal sont des dolomies infraliasiques, c'est tout au plus si les bancs, au contact du Jurassique supérieur, peuvent être rapportés à la base du complexe dolomitique. Il manque par conséquent le complexe dolomitique, le Bathonien, et probablement une partie du Lusitanien, soit un massif d'un minimum de 800 mètres. Cet accident appartient donc à la catégorie des *Vallées tiphoniques*.

Les accidents transversaux sont nombreux dans l'anticlinal du château, tandis qu'ils ne se trouvent qu'à l'extrémité septentrionale du monoclinal d'Ares.

Je citerai en premier lieu la faille de Sant'Anna avec sa branche secondaire, passant par le moulin, et la déviation des calcaires du Malm vers l'Ouest.

Vient ensuite le décrochement transversal du moulin de Frade,— remarquablement observable dans le Crétacique et dans les calcaires du Malm, — qui aboutit au triangle dolomitique de Casal-do-Manta, et au paquet de Ptérocérien de Casal-da-Serra.

Nous avons déjà vu que la suite des collines calcaires, qui forment le flanc oriental de l'anticlinal, est divisée par des dislocations transversales faisant pendre les strates tantôt vers le S.E., tantôt vers le N.W. Je mentionnerai encore l'arrêt brusque des lambeaux de dolomie et de teschénite à l'intérieur de l'anticlinal, et la terminaison du Crétacique, au pied de la faille d'Ares.

Le triangle compris entre ces deux accidents et l'Océan est rempli par l'affaissement du flanc méridional de l'anticlinal du château, formé par les calcaires lusitaniens, les marnes arénacées du Néo-Jurassique et les grès crétaciques, ces derniers étant relevés contre l'Infralias de la faille d'Ares.

On remarque en outre plusieurs dislocations transversales amenant des décrochements horizontaux, des changements brusques dans la direction et l'inclinaison des strates, et l'affaissement d'un paquet de Ptérocérien entre les calcaires lusitaniens et l'Infralias.

L'affleurement de marnes infraliasiques est élargi à son extrémité septentrionale et avant son extrémité méridionale; ces élargissements correspondent à des ravins se déversant vers le Sud. Ils font donc naître la supposition qu'ils proviennent de l'enlèvement des calcaires par l'érosion, et que les marnes passent sous les calcaires, mais cette supposition semble tomber par le fait que les calcaires sont redressés verticalement au contact des marnes.

Ce triangle, compris entre les deux accidents, contient de nombreuses intrusions de roches teschénitiques qui sont surtout fréquentes dans les marnes infraliasiques. L'orientation des filons est variable, mais elle peut être ramenée à trois directions: ceux qui sont dans l'anticlinal ou sur son flanc oriental ont plus ou moins la direction de l'axe de l'anticlinal; ceux qui se rapprochent de la faille d'Ares lui sont parallèles, et nous en voyons deux ou trois qui se trouvent dans la faille de Sant'Anna.

## Deuxième ligne de dislocations

La deuxième ligne de dislocations ne comprend que les anticlinaux du Formosinho et du Viso, soit une longueur de 16 kilomètres.

L'axe du Viso venant se souder au Nord de celui du Formosinho, on pourrait aussi considérer ces deux anticlinaux comme n'appartenant pas à la même ligne de dislocations, ce qui porterait à cinq le nombre de ces dernières, mais il semble plus juste d'expliquer cette position par un changement brusque dans la direction, analogue à celui qui sépare l'anticlinal du Burgao de celui du château de Cezimbra, et en sens contraire de celui qui sépare le monoclinal d'Ares de l'anticlinal du Risco.

L'anticlinal entre les deux premières lignes est très caractérisé à Portinho par la présence du Néo-Jurassique supérieur, des grès crétaciques et du Tertiaire. Les premiers forment le thalweg dans la forêt du Solitario, et continuent jusqu'au ravin du Fojo, où ils sont interrompus par une dislocation transversale. Cette dislocation paraît faire dévier le thalweg qui passe, à ce qu'il me semble, par le Campo-da-Freira (Val Longo do Risco de la carte Neves Costa).

Du côté du Nord, la deuxième ligne de dislocations est bien séparée de la troisième par la triple bande de Crétacique, d'Oligocène et de Miocène, qui lui forme une bordure continue et contourne son extrémité orientale.

## IX. — Anticlinal du Formosinho

(Carte pl. I, profil général pl. IV, fig. D, profils partiels pl. V) [1]

La montagne du Formosinho a une direction moyenne de E.N.E. à W.S.W., et une longueur de 10 kilomètres. Sa ligne de faîte est dirigée W.N.W. sur une longueur de 4 kilomètres, entre Outão (Altit. 148$^{m}$) et Alto-do-Picoto (418$^{m}$)[2], puis elle s'incline brusquement vers le S.W. jusqu'au signal du Formosinho (499$^{m}$), fait un saut brusque vers le Sud sur une longueur de 400 mètres, puis reprend sa direction vers le S.W. Je n'ai étudié en détail que la partie centrale (Formosinho p. p. dit).

C'est une voûte déjetée vers le Sud, la ligne de faîte passant vers le Nord du massif calcaire.

Le jambage nord présente la succession régulière des strates, quoique le plongement atteigne parfois la verticale et soit fort irrégulier.

Par suite du renversement des strates, le versant sud présente une partie du jambage nord et le jambage sud, plongeant aussi vers le Nord; et comme ce plongement des couches renversées est en général à peu près le même que celui des couches normales, il semble à première vue que l'on n'a affaire qu'à une même série de strates.

Cette montagne est coupée par de nombreuses dislocations transversales donnant lieu, sur le flanc sud, à plusieurs ravins profonds. Malheureusement pour le géologue, ces ravins sont en général couverts par une végétation arborescente, très dense, qui empêche l'observation.

Les principaux sont: le ravin de S. Paulo[3] entre le Mont'Abrão[4] et la crête couverte de petites chapelles; celui du couvent entre cette crête et le couvent principal; celui de Bom-Jesus, au Nord de la chapelle de ce nom, est très faible; un peu plus au Nord se trouve celui de S. João do Deserto et, enfin, celui de Val-d'Azeitão, qui aboutit à l'Ouest du plateau d'Anixa. Ceux que la carte au 20.000$^{e}$ indique entre ces deux derniers sont en partie à supprimer, et en tous cas à modifier, car un fossé profond, courant parallèlement à la falaise, à une altitude d'environ 70 mètres, ne permet pas aux ravins du flanc de la montagne de se prolonger jusqu'à la plage.

**Composition du sol.** — Les profils font voir que le noyau de la montagne est formé par le complexe dolomitique. Les marnes infraliasiques ne se montrent pas et, à en juger par les profils, il semblerait que les marno-calcaires à Gervillies forment les strates les plus anciennes, ce qui n'est pourtant pas le cas, puisque les anciennes collections contiennent quelques *Pecten pumilus* (page 19).

Le jambage nord permet d'étudier la succession régulière des strates du Jurassique, tandis qu'elle est fort lacuneuse dans le jambage méridional.

Le complexe marino-saumâtre débute par des marnes formant une dépression accentuée au pied du massif calcaire ($J^{2}$ profil D, pl. IV). La partie supérieure du Néo-Jurassique est formée par des marnes rouges fort puissantes.

---

[1] Comme je n'ai pas donné de carte à grande échelle de cette région, il serait bon d'avoir sous les yeux les feuilles 79 et 80 de la carte de l'Etat-Major (1:20.000), que l'on peut se procurer à la librairie Ferin, au prix minime de 60 réis par feuille.

[2] La carte au 20.000$^{e}$ porte Picoto (alt. 383$^{m}$) à 1300$^{m}$ au N. E. de Formosinho, et Alto do Picoto (418$^{m}$) à 3 km. du même point. Sur une minute antérieure à l'impression, le premier point portait la désignation de Cabeço de Murteira. Un point de 421 mètres se trouve au Sud de Alto-do-Picoto. Ces sommets sont fort mal représentés dans la carte de Neves Costa.

[3] La chapelle de S. Paulo est indiquée sur la carte au 20.000$^{e}$, mais sans désignation. Elle est située au bord du chemin qui relie le couvent au puits de la forêt du Solitario, tandis que la carte la place à 20$^{m}$ plus au Nord. Je ferai aussi remarquer que le terme «Convento velho» est mal placé, il correspond aux bâtiments indiqués immédiatement à l'Est de la chapelle la plus élevée, cote 320.

[4] Mont'Abrão, des habitants du pays, — Cabeço do Abrahão, carte Neves Costa, — Morro do Cabrão, carte de Etat-Major.

Le Crétacique de la ceinture nord est trop éloigné de la montagne pour entrer dans la description de ses accidents tectoniques, mais ce système est incontestablement représenté dans les grès blancs du synclinal de Portinho, quoique le Jurassique contienne aussi des roches analogues.

**Etude du Tertaire de Portinho.**—Le flanc méridional du Formosinho ne présente de Tertiaire que près de Portinho, entre Porto-d'Alpertuche et Galapos. Ce sont des lambeaux accusant une longueur de 3300 mètres et une largeur totale de 300 à 400 mètres.

Malgré ces dimensions restreintes, ces affleurements font naître un problème tectonique du plus haut intérêt, car au bord de la mer, entre Chão-d'Anixa et Galapos, on trouve l'Oligocène et le Burdigalien, tandis que les autres points ne présentent que l'Helvétien supérieur, reposant sur un membre quelconque du Mésozoïque. Des trous de coquilles perforantes dans le Jurassique, et des inclusions de fragments de calcaires jurassiques dans le Tertiaire, montrent que cette superposition n'est pas le résultat de dislocations postérieures au dépôt.

On y distingue trois lambeaux. Les deux plus grands: Anixa et Alpertuche, formant le rivage, sont certainement réunis sous le sable couvrant le fond de la mer. Le troisième, parallèle à celui d'Alpertuche, a évidemment été séparé des deux autres par la dénudation. Il n'a que 200 à 300 mètres de longueur et quelques mètres de largeur et est situé sur le flanc nord de la vallée dite *Atalho* qui sépare la colline de Santa-Margarida[1] du versant de la montagne supportant le couvent.

Je ferai encore observer que l'extrémité orientale de ces affleurements n'est séparée que par cinq kilomètres du fort d'Albarquel, où se trouvent l'Oligocène et le Burdigalien.

1.° L'*affleurement occidental,* que nous désignerons par Anixa[2], a une longueur totale de 2400 mètres. On peut le diviser en 3 parties: *a)* une bande orientale très étroite, dans la falaise maritime, à l'Ouest de la maison de Galapos (indiquée sur la carte au 20.000$^e$ sous le nom de Galapa); *b)* une bande médiane s'étendant depuis le versant de la montagne jusqu'au rivage, ayant environ 400 mètres de largeur au Chão-d'Anixa, et 600 en y comprenant l'îlot d'Anixa; *c)* une bande très étroite surmontant les falaises jurassiques depuis la grotte du Creiro jusqu'au Nord-Ouest du four à chaux de Portinho.

Le plan supérieur de cette bande est au niveau de la mer, à l'Est d'Anixa, tandis qu'il s'élève à environ 120 mètres à la grotte du Creiro, et à 150 au-dessus des falaises.

*a)* Dans la partie orientale (Pl. v, fig. 1) ces strates contiennent une assise de grès siliceux, exploités pour meules (Helvétien supérieur). Les éboulis de calcaire dolomitique rendent l'observation difficile, et si l'on ne voyait que cette partie, on aurait l'idée d'une bande de molasse en strates à peu près horizontales, comprise entre deux masses de calcaire dolomitique plongeant contre la montagne.

C'est surtout près de la maison de Galapos (fig. 2) que l'on a cette impression, à cause des dimensions de la masse dolomitique inférieure. A 100 mètres à l'Ouest de cette maison, un petit ravin montre la dolomie marneuse reposant sur le Miocène, sur une largeur de quelques mètres. Je ne puis pas dire si ce recouvrement est dû à un glissement, mais sur tout le reste de l'affleurement, le Miocène repose sur les strates mésozoïques relevées jusqu'à la verticale, ou même légèrement renversées.

*b.* Partie médiane. A l'Ouest de Galapos (150$^m$), le Miocène repose sur des conglomérats rougeâtres représentant probablement l'Oligocène, puis il s'abaisse jusqu'au niveau de la mer (fig. 3) et se relève vers l'Ouest pour former le plateau d'Anixa (fig. 4). Ce plateau est coupé assez abruptement vers l'Ouest et l'on voit très distinctement que le Miocène est horizontal dans son ensemble et repose sur la tête de bancs de grès redressés de 70 à 80°, plongeant vers le Sud. A une distance de 100 mètres vers l'Ouest, des lambeaux de ces grès plongent au contraire vers le Nord sous un angle de 85°.

---

[1] Cette colline qui est appelée Cabeço de Santa Margarida dans la carte Neves Costa porte la désignation de Serra de Cella, dans celle de Mr. A. I. Marques da Costa *(O Archeologo português,* 1907, p. 210).

[2] «Pedra-da-Anixa», récif dans la mer. «Chão-da-Anixa», plateau miocène vis-à-vis de ce récif.

Ces grès sont peu cohérents et, du Nord au Sud, passent du rouge pâle au blanc, puis de nouveau au rouge pâle; il est donc probable qu'ils représentent la partie supérieure du Jurassique et le Crétacique, tandis que ceux de l'extrémité méridionale sont oligocènes.

La figure ci-dessous fait voir que cet affleurement est fort disloqué. A en juger d'après quelques récoltes, assurément insuffisantes, l'Oligocène supporterait les assises moyenne et supérieure du Burdigalien, et ce dernier serait directement recouvert par l'Helvétien supérieur.

Je n'ai pas examiné l'îlot d'Anixa qui présente peut-être une série plus complète.

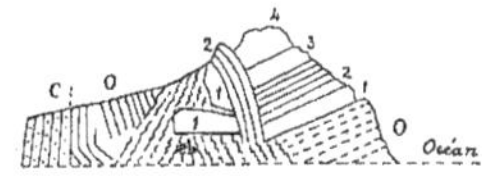


Fig. 15. Vue coupe de l'extrémité méridionale de Chão-d'Anixa

e b — Eboulis.
4 — Helvétien supérieur.
3 — Conglomérats massifs, blancs.
2 — Grès jaunes.
1 — Toit des couches à *Venus Ribeiroi* (Burdigalien inférieur).
O — Oligocène.
C — Crétacique.

L'extrémité N.W. du plateau miocène d'Anixa est coupée par le ravin nommé «Val-d'Azeitão»; on y voit la grotte du Creiro au-dessous de laquelle le Miocène descend beaucoup plus bas que dans le reste de l'affleurement, et semble atteindre une puissance de 30 mètres. Il se relève au Nord de la grotte, contre les calcaires dolomitiques, mais le contact est masqué par la végétation et les éboulis.

*c)* Partie occidentale. A partir du ravin de Val-d'Azeitão, l'Helvétien supérieur forme un plateau de 800 mètres de longueur sur 100 à 150 de largeur. Ses strates, à peu près horizontales, reposent vers le Sud sur les calcaires bathoniens verticaux ou légèrement renversés, et vers le Nord, sur les calcaires dolomitiques (fig. 5). Son altitude maxima est environ de 160 mètres.

Ces strates contiennent des fossiles de grande taille, *Ostrea, Pecten, Hinnites*, les faisant ranger dans l'Helvétien supérieur; elles contiennent en outre des fragments de dolomie et de calcaires siliceux provenant incontestablement des couches sous-jacentes. C'est évidemment l'érosion par le ravin de S. João-do-Deserto et ses affluents qui l'a fait disparaître au S.W. (fig. 6), mais à 400 mètres plus loin, on trouve l'extrémité du lambeau de l'Atalho (fig. 7).

Comme on le voit par le profil 5, la paroi de calcaire bathonien est verticale et séparée du Malm renversé par un fossé large et profond. A 10 mètres du bord de la molasse se trouve une fente d'une quinzaine de mètres de profondeur sur 5 à 8 de large.

Ces crevasses ont provoqué des éboulements de grandes masses de molasse, qui gisent sur le flanc de la colline ou dans le fossé principal. Je suppose que c'est l'origine des blocs paraissant en place, que l'on aperçoit au pied de la colline près des maisons les plus orientales et, à marée basse, vis-à-vis du four à chaux.

2.° *L'affleurement d'Alpertuche* forme une colline de 108 mètres d'altitude (colline de Santa-Margarida) qui commence au Nord du fort d'Arrabida et se termine au port d'Alpertuche. Il serait mieux désigné du nom de Santa-Margarida, grotte située au bord de la mer, vers les $^{2}/_{3}$ de sa longueur, mais elle n'est pas indiquée dans la carte géologique. Son maximum de largeur est de 350 mètres, et sa longueur de 1000; il forme incontestablement la continuation du Miocène de l'îlot d'Anixa.

Au port d'Alpertuche, on voit l'Helvétien supérieur reposer directement sur les calcaires du Malm, relevés à 55° (fig. 9). Il y a évidemment eu affaissement de ces calcaires, et disparition des couches plus meubles. C'est en partie un calcaire arénacé plus ou moins pur, en partie un conglomérat compact, ressemblant à celui du Malm, mais contenant des *Ostrea crassissima* et d'énormes *Pecten*. Je n'en ai pas trouvé dans le banc de la base, et ne puis pas affirmer qu'il n'appartient pas au Malm.

Le profil mené à 200 ou 300 mètres au N.E. de ce point (Casal-do-Pimenta, fig. 7), nous montre deux masses de molasse limitées au Nord par une vallée (Atalho), composée de strates arénacées, légèrement renversées, formant le prolongement de celles qui supportent le Miocène du plateau d'Anixa, et séparées par une autre vallée dont le sol est couvert par du gravier à apparence pliocène; quelques pointements de Miocène prouvent qu'ils sont superficiels. Cette petite vallée disparaît vers le N.E., et on n'a plus qu'une seule masse de molasse (fort d'Arrabida).

Des fouilles pour la recherche de l'eau ont été faites aux deux extrémités de l'«Atalho», celles de l'extrémité S.W. sont entièrement dans les grès ptérocériens, tandis que celles du N.E. atteignent des grès blancs, certainement fort élevés dans le Jurassique, s'ils ne sont pas crétaciques. Les strates sont verticales; on a donc le pendant du profil de Chão-d'Anixa (fig. 4).

3.° *Affleurement du pied de la montagne* (Atalho). La colline de Santa-Margarida est séparée de la montagne du Formosinho par une dépression désignée dans le pays sous le nom de «Atalho[1]», envoyant ses eaux vers le N.E. et vers le S.W.

En se plaçant sur le versant méridional, on voit un gros banc de roche compacte, vers la base du versant opposé. Il est bien saillant avant l'extrémité septentrionale de la vallée (à l'Ouest de Portinho); il y a ensuite une interruption de 100 à 200 mètres, produite par l'érosion, puis il réapparait jusqu'au delà du col de la dépression. La longueur totale serait donc de 5 à 600 mètres. A l'extrémité N.E., il y a 20 mètres de différence d'altitude entre sa base et le sommet de l'affleurement, mais je ne puis pas affirmer que les couches soient horizontales, ce qui semble pourtant être le cas.

La nature pétrographique de ce banc est fort variable; c'est par places un grès à aspect tertiaire, sur d'autres points un conglomérat fort analogue à celui du Malm, à cailloux exclusivement calcaires; sur d'autres, le ciment est un calcaire très dur, rouge pâle ou blanc, ne contenant que de rares grains de quartz. A première vue, on hésite entre le Tertiaire et le Jurassique, mais une recherche attentive, faite surtout en brisant la roche, a fait découvrir des fossiles sur différents points. Ils sont en général de grande taille: des huitres, des Pecten et des oursins, auxquels se joignent de nombreux trous de coquilles perforantes et des bivalves de taille moyenne. L'ensemble de ces restes porte Mr. Cotter à les attribuer à l'Helvétien supérieur, ce qui concorde avec les strates inférieures du port d'Alpertuche, sous les rapports lithologiques et paléontologiques.

Parallèlement à cette ligne, et vers le milieu de sa longueur, se trouve un autre lambeau de fort petites dimensions, séparé du premier par une distance d'environ 50 mètres. Il se manifeste d'abord par des perforations dans le calcaire jurassique, perforations ayant en général la forme d'un 8, d'une largeur de 2 à 5 millimètres, et dont la longueur atteint parfois 30 millimètres[2]; d'autres, beaucoup plus rares, sont des trous de Pholadidae, remplis de sable quartzeux. Sur un point, un encroûtement de sable quartzeux avait permis la conservation de nombreuses balanes.

Un peu plus haut se trouve un grès quartzeux empâtant des cailloux calcaires de très grandes dimensions, et quelques grosses huitres roulées. Ce point se trouve à environ 600 mètres à l'Ouest du fort.

Ces observations démontrent que le profil de Casal-do-Pimenta est analogue à celui du plateau d'Anixa. L'Helvétien supérieur s'est déposé sur les strates plus ou moins verticales du Jurassique et du Crétacique, en leur empruntant des matériaux, tandis que des coquilles et des vers lithophages s'y creusaient leurs demeures. Ce point est à environ 115 mètres d'altitude, ce qui est la plus grande hauteur observée dans cet affleurement.

L'érosion, en creusant la dépression de l'Atalho, a séparé longitudinalement les dépôts miocènes du flanc nord de ceux qui forment la colline de Santa-Margarida. Cette bande septentrionale était reliée vers l'Est au lambeau qui couvre les falaises (affleurement occidental), dont elle a été séparée, non seulement par l'érosion, mais aussi par des dislocations transversales.

Comme déductions générales sur le Tertiaire de Portinho, nous voyons que l'Oligocène et le Burdigalien se sont déposés à Anixa, tandis que sur des points très voisins, c'est l'Helvétien supérieur qui s'est déposé sur le Jurassique, non seulement sur une ligne située à 200 mètres en arrière du rivage actuel, mais aussi au bord de ce dernier (port d'Alpertuche).

---

[1] *Atalho* = raccourci; sentier conduisant de Portinho au pied de la montée du couvent, sans faire le tour par Casal-do-Pimenta. La carte de l'Etat-Major indique ce sentier beaucoup trop au N.W.

[2] Mr. Douvillé a reconnu des perforations analogues dans des coquilles d'huitres; il les attribue à des Annélides marins (Voyez le compte-rendu de la séance de la Société géologique de France du 22 avril 1907).

Il en découle incontestablement que les strates jurassiques et crétaciques étaient déjà en partie redressées lors du dépôt de l'Helvétien supérieur; l'emplacement du Formosinho formait, à l'époque de l'Oligocène, un ilot ayant au maximum 3 kilomètres de largeur, mais un affaissement a permis un empiétement de la mer de l'Helvétien supérieur, soit que l'ilot ait été entièrement submergé, soit que la transgression n'ait eu lieu que sur les bords (Voyez fig. 18, p. 75).

La continuation des mouvements orogéniques a amené le redressement et les renversements des strates tertiaires (ilot d'Anixa, fort d'Albarquel).

**Disposition des strates de l'anticlinal..** — Considéré dans son ensemble, c'est-à-dire en y comprenant le contrefort crétacique et tertiaire de la ceinture générale, cet anticlinal est limité au Nord-Est par les anticlinaux du Viso et de S. Luiz, et sur le reste du flanc nord par le plateau pliocène (profil général D., pl. IV). Au Sud, il est limité par l'Océan et les restes de l'anticlinal du Solitario, mais à son extrémité S.W. il se termine par un plongement des strates, accompagné de dislocations transversales, dans une région vague entre cet anticlinal et ceux du Risco et d'Ares.

L'extrémité orientale de la voûte est formée par une dislocation assez brusque, que l'on peut bien observer depuis la mer. Le Bathonien, qui supporte le fort supérieur d'Outão, plonge subitement vers l'Est, tandis que les strates argileuses du Malm moyen (couches à ciment et conglomérats) passent assez brusquement de W.-E. à N.-S.

A l'extrémité occidentale, les strates s'abaissent graduellement, puis sont interrompues par des dislocations transversales.

Cet anticlinal est constitué par une voûte renversée vers le Sud, sauf peut-être à son extrémité occidentale (fig. 11). A un kilomètre au N.E. de ce profil, se trouve celui du Mont'Abrão[1], où le renversement est complet. Le profil que j'en donne (fig. 10) est pour ainsi dire une vue coupe, mise à nu par le ravin de S. Paulo (flanc sud). Cette vue est observable depuis de nombreux points entre le fort d'Outão et Anixa, mais le plus favorable est la chapelle de S. Paulo[1].

Le ravin de S. Paulo est dû à une dislocation transversale qui se prolonge jusqu'au port d'Alpertuche, où le Jurassique de l'anticlinal du Solitario se termine par une déviation vers le Sud (fig 9). Le profil du versant nord du ravin ne correspond pas à celui du versant sud. La grande masse de Bathonien de ce dernier ne passe pas au versant nord, dont la crête montre les dolomies bajociennes reposant directement sur le Malm, comme on peut le constater dans le chemin de Casal-do-Pimenta au couvent (fig. 7).

Par contre, en se plaçant sur le flanc sud du ravin de S. Paulo, on voit, au pied du versant nord, le Bajocien reposer sur du Bathonien, d'une trentaine de mètres d'épaisseur (fig. 8); ici, ce sont les calcaires du Malm qui semblent avoir disparu, car les conglomérats sont à une faible distance.

Le Bathonien réapparait à partir du ravin passant au Nord de Bom-Jesus (fig. 6). Il est légèrement renversé (80°) et forme un abrupt bientôt recouvert par le Tertiaire à peu près horizontal (fig. 5). Il disparait complètement un peu avant le val d'Azeitão et ne réapparait pas à l'Est du Tertiaire Anixa — Galapos, car les calcaires dolomitiques forment la falaise maritime, et le Bathonien du fort supérieur d'Outão est dans des conditions absolument différentes, qui sont encore à étudier.

**Synclinal de Portinho.** L'effondrement dans l'Océan ayant fait disparaître la majeure partie de l'anticlinal du Solitario, ce n'est qu'à son extrémité occidentale que l'on peut voir les deux flancs du synclinal qui le sépare de l'anticlinal du Formosinho.

Les profils 11 et 10 nous le montrent au Cabeço-do-Jaspe et dans la forêt du Solitario, mais les strates néo-jurassiques sont très mal découvertes dans ces deux coupes, et leur disposition doit être plus compliquée.[2]

---

[1] Voyez les notes, pag. 53.

[2] Il est probable que le flanc occidental du col de Cabeço-do-Jaspe montrerait une meilleure coupe, mais je ne m'en suis aperçu que trop tard, et il ne m'a pas été possible d'y retourner. Ce point de jonction des anticlinaux du Risco et du Formosinho est d'une grande complication et demande une étude détaillée.

A l'Est du col de Cabeço-do-Jaspe (Alto-do-Solitario), les marnes et les grès ptérocériens descendent la vallée et semblent se perdre à la dislocation transversale de Foz-do-Fojo.

Vers l'Ouest, on les suit par la vallée de l'Atalho jusqu'au-dessous du plateau d'Anixa, où ils sont recouverts par le Miocène.

Les profils 10 et 11 font voir que le ploiement est irrégulier et est combiné avec une dislocation longitudinale, recouvrement ou faille, car les deux flancs ne présentent pas la même série de strates. Il est probable qu'il faut y rattacher les dislocations du Miocène de Casal-do-Pimenta (fig. 7). Les profils qui lui succèdent vers l'Est montrent les strates mésozoïques du flanc nord, tantôt renversées, tantôt voisines de la verticale (fig. 4).

Le Miocène se relève légèrement vers le Sud (fig. 4 et 3), mais il semble que ce n'est qu'une ondulation secondaire dans le synclinal.

Fig. 2 ferait croire à un renversement de la dolomie sur le Tertiaire et à un témoin de l'anticlinal de la première ligne de dislocations, si la présence de calcaires dolomitiques au bord de la mer n'est pas due à un énorme éboulement.

**Dislocations transversales.**—On voit plusieurs déviations brusques des strates, transversalement à l'axe de l'anticlinal. Ma visite a été trop limitée par le temps pour pouvoir en faire une étude détaillée, et je dois me borner à en mentionner quelques-unes.

Je citerai d'abord la déviation des strates vers le Sud, à Outão: extrémité orientale du chaînon. Plusieurs petits décrochements horizontaux se trouvent entre Outão et Alto-do-Picoto; mais à l'Est de ce dernier point s'en trouve un très fort, correspondant plus ou moins à la brisure du plateau d'Anixa, et aussi à la déviation brusque de la ligne de faîte, vers le S.W.

En se plaçant au bord de l'escarpement, au S.E. de la cote 383 (Picoto de la carte de l'Etat major), on voit nettement deux lignes transversales, sur lesquelles le Bathonien ne se correspond pas d'un côté à l'autre, et qui ont sans doute causé la dépression qui porte le nom de Val d'Azeitão.

Un changement brusque de direction des strates est aussi observable près du signal du Formosinho; peut-être correspond-il à celui qui fait réapparaître les calcaires du Malm à l'Est de Bom-Jesus.

Nous avons déjà parlé de la grande dislocation du Val de S. Paulo qui s'étend jusqu'au port d'Alpertuche, ainsi que des dislocations de l'extrémité occidentale du chaînon, près d'El-Carmen, indiquées schématiquement dans la carte tectonique; elles ont leur prolongement dans la première ligne de dislocations, entre les ravins du Risco et du Fojo (p. 45).

L'édition géologique de la feuille 28 de la carte chorographique (1867) fait croire à un décrochement horizontal de 500 mètres, au point où le ruisseau de Coina traverse la ceinture crétacico-tertiaire près de Azenhas-d'Ordem (=Quinta do Mineiro), entre Coina-Velha et Santo-Antonio.

Sur la rive droite, l'Oligocène formant une bande de 300 mètres de large, s'avance fortement vers le Nord, tandis que sur la rive gauche, il est réduit à une bande de moins de 100 mètres, passant à 500 mètres au Sud de celle de la rive droite.

Cet avancement de l'Oligocène est exact, il est dû à la coupe des strates par le thalweg, mais l'avancement du Miocène vers le Sud, sur la rive gauche, est exagéré; ses strates se correspondent sur la hauteur, de chaque côté du ravin. Il en est, je crois, de même pour l'angle que font les deux bandes d'Oligocène à l'Ouest d'Azenhas-d'Ordem.

L'observation est rendue difficile par des sables fins, peut-être éoliens, et par l'analogie pétrographique entre l'Oligocène et le Crétacique. Le grand affleurement de sables de la vallée provient probablement du lavage de ces deux étages. C. Ribeiro a en outre été induit en erreur par l'insuffisance de la carte Neves Costa.

## X.—Anticlinal du Viso

(Cartes, pl. I et III; profils C et XX à XXIV, pl. IV)

L'anticlinal du Viso[1] est dirigé N.E.-S.W. Il est limité à l'Est par la faille de Brancanes, et au S.W. il va se buter près de Commenda, contre l'extrémité de l'anticlinal du Formosinho. Au S.E., il est coupé par l'Océan et au N.W. son contrefort crétacique fait partie de la grande bande crétacique, tandis que son contrefort miocène va se briser contre la falaise liasique de Serra de S. Luiz.

Sa longueur atteint donc à peine 4 kilomètres et sa largeur 2500 mètres; son point culminant est le moulin du Nico, à l'altitude de 163 mètres.

La presque totalité de la montagne est formée par les conglomérats du Malm, recouvrant un noyau calcaire, découvert au N.E. du point culminant, dans une vallée d'érosion nommée «Val das Pedreiras».

Ce noyau, d'une longueur de 1200 mètres sur une largeur de 400, montre une grande complication tectonique, qui explique les nombreux changements de direction et d'inclinaison des conglomérats qui l'entourent.

Il est formé par quatre bandes longitudinales parallèles. Au centre est une bande de calcaires dolomitiques, avec un petit affleurement d'Infralias(?)[2] auquel succède plus ou moins normalement, vers le Sud, une bande de Bathonien, bordée à son tour par une bande de calcaire lusitanien.

La succession est donc normale dans ses grands traits du côté sud, tandis que du côté nord se trouve un faisceau de failles longitudinales; celle qui limite la bande dolomitique la met en contact direct avec une bande de calcaires lusitaniens, interrompue à deux reprises par une intercalation de conglomérats du Malm (voyez le profil XXII). Cette faille est nettement visible dans une ancienne carrière, vers l'extrémité N.E., où elle est verticale.

A l'extrémité S.W., l'affleurement des quatre bandes est interrompu par les conglomérats du Malm (fig. XXIII et XXIV) qui semblent avoir été poussés sur la tranche des terrains plus anciens. La bande lusitanienne septentrionale est celle qui se prolonge le plus vers le S.W.

Du côté du N.E., l'inclinaison des strates passe brusquement du S.E. au N.E.; les cultures empêchent partiellement l'observation, mais l'espace disponible jusqu'aux conglomérats est trop restreint pour y loger le Bathonien et le Lusitanien; il y a donc aussi un recouvrement analogue à celui de l'extrémité opposée.

Les conglomérats formant la colline sur laquelle est assis le vieux fort (Forte Velho), présentent des plongements très variés. Il semble y avoir une faille, ou au moins un axe de voûte rompue, passant au Sud du fort; cet axe correspond donc à la succession normale du Lusitanien sur le Bathonien, tandis que des strates régulières se trouvent au contraire sur le prolongement de la faille limitant les dolomies vers le Nord.

Les deux extrémités du noyau se présentent donc sous forme de dislocations transversales, ce qui est aussi le cas pour la partie occidentale de la bande lusitanienne septentrionale. Elle se termine brusquement à l'Ouest du moulin de Machado; il semble y avoir enchevêtrement des calcaires du Malm avec les conglomérats.

Failles limitant l'anticlinal du côté oriental.—Au pied nord de l'aire jurassique se trouve une triple bande formée par le Crétacique, l'Oligocène et le Miocène, se superposant normalement, et dirigés à peu près de W.S.W. à E.N.E. jusqu'à la rencontre de la faille de Brancanes, orientée du Sud au Nord. Nous la suivrons en commençant à Setubal.

---

[1] *Viso*, mot peu usité, synonyme de colline; dans le cas présent, il est employé comme nom local.

[2] Voyez les réserves au sujet de l'âge de cet affleurement, p. 17.

Les alluvions et les constructions la cachent jusqu'au réservoir d'eau construit dans le deuxième bastion (Outeiro), où l'on voit un lambeau de Crétacique et d'Oligocène relevés à 85°. De là à Brancanes, le Miocène est en contact avec le Jurassique.

Sous la muraille septentrionale de ce même bastion, le contact du Miocène avec le Jurassique a lieu par les strates à peu près verticales.

Au bastion de Nossa-Senhora-da-Saude, situé à environ 200 mètres à l'Est, une partie du Miocène ne présente qu'une faible inclinaison, tandis que le reste est vertical; le plongement a lieu dans diverses directions que le recouvrement du terrain empêche d'observer avec exactitude. Il semble y avoir croisement de failles.

De Reboreda à Brancanes, l'inclinaison du Miocène est de 20 à 30°.

La faille est bien découverte dans une carrière à l'intérieur du parc du couvent de Brancanes. Elle est verticale; le Jurassique est représenté par une terre rouge foncé avec lits de calcaire rouge, cloisonné, disposés verticalement. Je ne puis pas dire si cette disposition est due à la stratification, ou si elle est le résultat de fentes parallèles à la faille.

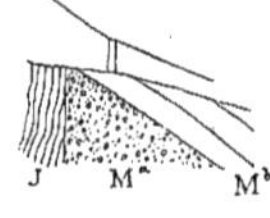


Fig. 16. — Contact du Miocène et du Néo-Jurassique dans une carrière à l'angle occidental du parc du couvent de Brancanes.

J. Néo-Jurassique. (Terre rouge intense et lits de calcaire rouge, cloisonné).

M^a. Conglomérat blanchâtre avec fossiles miocènes.

M^b. Calcaires marneux avec silex.

Les traits au-dessus du terrain représentent le mur de clôture.

La partie du Miocène, que la faille met en contact avec le Jurassique, est un conglomérat très dur, contenant des quartzites et des cailloux de calcaire et de dolomie; la pâte est par places un calcaire dur, jaune, par places un grès calcarifère fin.

A première vue, on le confond avec les bancs peu colorés du Néo-Jurassique, mais les cassures fraîches montrent des huîtres et des Pecten évidemment tertiaires.

De la plateforme au Sud de l'église du même couvent, à la route d'Azeitão, on peut observer la série suivante:

1) Conglomérat précité, couvert à sa face supérieure par de grands *Ostrea crassissima* couchés. Il semble y avoir eu interruption entre cette couche et la suivante.

2) Grès fin, très consistant, très compact (3m,50).

3) Sable verdâtre avec petits quartzites (2m,50) ayant à sa partie supérieure un banc d'*Ostrea crassissima* de petite taille.

4) Calcaire marneux avec quelques silex, passe au contour du chemin à une roche plus dure, qui semble être la continuation du toit de l'Helvétien. (VIe de Mr. Berkeley Cotter), bien visible 300 à 400 mètres plus au Sud.

Les couches plongent vers l'Est sous un angle de 20 à 25°.

M. Berkeley Cotter considère, sous toutes réserves, les couches 2 et 3 comme appartenant à la partie moyenne de l'Helvétien supérieur, à la base duquel se trouvent des grès durs.

Quant aux conglomérats, ils ne sont pas représentés dans la bande tertiaire du pied du S. Luiz, qui est si rapprochée; je ne connais rien d'analogue dans le Tertiaire portugais, sauf à Portinho-d'Arrabida, où ils reposent aussi sur le Jurassique.

Dans les deux localités, ils se sont formés au détriment du Jurassique, mais dans la première ils se sont déposés sur ce dernier, quoique l'Oligocène existe à une faible distance, tandis qu'à Brancanes le contact semble dû à une faille.

Il semble que le Burdigalien manque, sur toute la longueur entre le réservoir d'eau et Brancanes, tandis qu'il existe au S.W. (fort d'Albarquel) et au N.W. (Rotura).

Au Nord de Brancanes, la faille est masquée par les alluvions; elle continue probablement à travers le Tertiaire de Quinta dos Bonecos.

C'est à peu près le point de réunion d'une faille W.N.W. à E.S.E., passant au pied de la colline de Combros, et mettant l'Helvétien supérieur en contact avec l'Oligocène (profil xx). Il manque donc les calcaires puissants du Burdigalien et de l'Helvétien inférieur, si bien développés à Fonte-da-Rotura, qui n'en est séparée que par 400 mètres, tandis que l'Helvétien supérieur paraît manquer entre Fonte-da-Rotura et la chapelle de S. Luiz.

Bordure méridionale. — Les constructions empêchent d'observer le sol du quartier de Troina (Setubal), mais il semble qu'à partir du réservoir d'eau, le Tertiaire et le Crétacique se dirigeaient vers le S.W. Un témoin du premier de ces étages se voit au pied S.E. de la colline de S. Filippe, et continue presque sans interruption jusqu'à Commenda, où il bute contre la voûte du Formosinho. Au pied de la colline de S. Filippe, il est renversé, plongeant sous le Jurassique (profil XXII).

Le Tertiaire est complètement interrompu entre Troina et l'affleurement d'Albarquel, où il est renversé, l'Oligocène étiré reposant sur le Burdigalien (profil XXIV).

## 3.e ligne de dislocations et écaille de Palmella

(Cartes pl. I et III; profils: 1 pl. I; 1 pl. III; A, B, C pl. IV; et I à IX pl. VI. Il est indispensable de lire l'explication des planches de profils, qui contient des détails n'étant pas répétés dans le texte)

Cette ligne, composée des anticlinaux de S. Luiz et de Gaiteiros, et de l'écaille de Palmella, est complètement séparée des plissements de la seconde ligne par la grande bande crétacique et tertiaire, tandis que la branche septentrionale de cette bande la limite vers le Nord.

L'axe du Viso, dirigé S.W.-N.E. n'est séparé de celui du São Luiz que par une distance de deux kilomètres. Cette dernière montagne, orientée W.S.W.-E.N.E., se rétrécit subitement à l'Est, en se réduisant à sa moitié septentrionale, qui se prolonge jusqu'à l'Ouest de Palmella sous le nom de Serra dos Gaiteiros. L'axe anticlinal de cette dernière montagne est donc la continuation de celui de S. Luiz, mais la ligne de faîte est complètement distincte. Celle du S. Luiz correspond plus ou moins à l'axe du noyau calcaire, tandis que celle de Serra dos Gaiteiros se trouve dans les conglomérats néo-jurassiques formant le jambage septentrional. Il est vrai que cette ligne de faîte se prolonge au Nord de celle du S. Luiz sur toute sa longueur, mais son altitude est de 150 à 200 mètres inférieure à celle des calcaires.

Les strates qui entrent dans la composition de cette région ont été décrites dans la première partie; ce sont: l'Infralias, représenté par de petits lambeaux épars (p. 17); le complexe dolomitique (p. 19) dans lequel on reconnaît le Sinémurien, le Lias moyen, les couches à *Pecten pumilus*, un complexe marino-saumâtre (Bathonien? p. 21), et des calcaires blancs (p. 22) ne représentant probablement que le Bathonien. Dans la Serra dos Gaiteiros, je n'ai reconnu que l'Infralias, le Sinémurien et les couches à *Pecten pumilus*.

Il y a donc dans toute la ligne une lacune entre le Bathonien et les conglomérats néo-jurassiques, tandis que les calcaires marins du Lusitanien sont bien représentés dans l'anticlinal du Viso qui est si peu distant.

Le Jurassique supérieur (p. 22 à 26) n'est représenté que par des complexes de marnes et de conglomérats, n'ayant fourni de fossiles qu'à sa base; c'est une faune à caractère limnique prédominant. Les strates supérieures du complexe, dont la puissance est environ de 1000 mètres, contiennent des bancs de grès marno-calcaires rappelant ceux du Ptérocérien et du Portlandien.

Le Crétacique n'est représenté que par des graviers d'une centaine (?) de mètres d'épaisseur; il y a donc une nouvelle lacune entre ce système et les marnes et graviers qui constituent l'Oligocène (p. 31).

Nous avons vu (p. 32) que la majeure partie du Miocène: Burdigalien et Helvétien, est formée par des massifs généralement calcaires, tandis que le Tortonien est presque uniquement arénacé, sau un facies caspique (p. 34) formé de marnes rouges.

Notons en dernier lieu les graviers pliocènes qui se trouvent, non-seulement au Nord et au S.W. de cette ligne d'accidents, mais qui forment aussi quelques lambeaux à l'intérieur.

Les traits principaux de cette région, si curieuse malgré ses dimensions restreintes, me sont connus depuis 1881, mais ce n'est que depuis la publication des feuilles de l'Etat-major à l'échelle de 1:20.000, que j'ai pu en lever exactement les détails.

## XI. — Anticlinal de São Luiz

La montagne de S. Luiz est constituée par un noyau de dolomies et de calcaires d'une longueur de 2 kilomètres ½ et d'une largeur maxima de 1 kilomètre, s'élevant de 200 à 300 mètres au-dessus des terrains moins résistants qui l'entourent; son point culminant est à 395 mètres.

Une faille transversale, passant au tiers oriental, la divise en deux parties assez distinctes, les deux tiers occidentaux étant plus élevés et à flancs plus abruts que le tiers oriental, et contenant presque la totalité des calcaires blancs.

Le noyau dolomitico-calcaire est presque entièrement formé par le complexe dolomitique; les marnes infraliasiques ne pointent qu'en lambeaux de très petites dimensions à son extrémité orientale (centre de la voûte) et sur son flanc méridional. Il est recouvert, sur les deux tiers occidentaux du flanc nord, par des lambeaux de calcaire blanc s'avançant aussi sur la crête, et même un peu sur le versant méridional. La crête présente en outre trois lambeaux de conglomérats néo-jurassiques de petites dimensions.

Le noyau dolomitique présente une forte inclinaison du côté méridional, il y est même, par places, coupé abruptement. Sa base est formée par le Sinémurien, laissant pointer deux petits affleurements de marnes infraliasiques, qui auraient probablement plus d'étendue si elles n'étaient pas masquées par des brèches et des éboulis.

Il est difficile de constater la succession et l'inclinaison des strates dans cette masse dolomitique, mais d'après les quelques points ayant fourni des fossiles, on voit que les couches se surmontent régulièrement et plongent en général vers le Nord. Ce plongement général est corroboré par les calcaires blancs, où il est facile à constater, mais ces calcaires nous montrent aussi une quantité d'irrégularités dont on se rendra compte par l'examen de la carte et surtout du profil longitudinal (pl. I).

Ces plongements des strates ne sont naturellement observables qu'à la surface; j'ai dû leur donner une certaine épaisseur afin de les rendre visibles.

Substratum du Néo-Jurassique sur le flanc septentrional. — Je donnerai quelques détails sur la manière dont se présentent les lambeaux de conglomérats néo-jurassiques à l'intérieur du massif, mais auparavant j'examinerai un ou deux points de la bordure septentrionale, où l'on voit bien nettement le contact entre ces conglomérats et les calcaires.

A la sortie septentrionale du ravin de Pae-Mouro, ces conglomérats reposent sur les *dolomies liasiques*, ce que l'on peut observer sur chaque versant. Le Bathonien, situé plus à l'Ouest, est de texture trop régulière pour ne pas s'être déposé sur l'ensemble de la contrée. Si les conglomérats néo-jurassiques se sont effectivement déposés sur les dolomies liasiques, le Bathonien doit avoir été détruit antérieurement à leur dépôt. Les cailloux de ces conglomérats parlent en faveur de cette hypothèse, car ils contiennent des représentants de différents membres du Jurassique.

Le contact avec le Bathonien est encore plus instructif dans la pointe que les conglomérats forment sur le Bathonien, à 400 mètres au N.N.W. du signal de S. Luiz, grâce à une ancienne carrière. Les conglomérats sont liés par une pâte très calcaire, et ils font l'effet de s'être déposés directement sur le Bathonien.

Une pointe analogue se trouve à l'extrémité occidentale du massif calcaire, mais le contact n'y est pas visible. Les conglomérats y sont pourtant bien caractérisés et s'élèvent probablement plus haut que ne l'indique la carte.

Lambeaux de Néo-Jurassique au sommet de la montagne. — Le lambeau situé à 375 mètres à l'Ouest du signal de S. Luiz, est de dimensions fort restreintes et a dû être fortement exagéré pour figurer dans la carte. On ne voit que des têtes de couches, sans pouvoir discerner si le conglomérat passe sous le calcaire blanc, que j'ai indiqué comme bathonien.

Les deux grands affleurements à l'Est du signal ne laissent pas de doute sur la nature du conglomérat, mais le contact avec le calcaire blanc n'est pas observable, l'un et l'autre étant débités par l'érosion, en blocs irréguliers; néanmoins, le plongement des strates vers l'Est me semble incontestable.

Jambage méridional. —Le jambage septentrional semble donc présenter la superposition régulière, malgré la lacune précédant les conglomérats du Malm, mais le jambage méridional est réduit à une bande étroite de conglomérats du Malm souvent cachés par des brèches, et plongeant vers le Nord comme les dolomies.

Le contact de ces conglomérats avec la bande miocène est très difficile à reconnaître à cause des éboulis et parce que, sur les deux tiers orientaux, les strates les plus supérieures de ce Miocène sont des sables fins, ne montrant pas la stratification. Je n'ai pu voir ce contact qu'à l'extrémité occidentale, où les strates miocènes sont relevées contre le Jurassique (au Nord de Rego-d'Agua, profil XVII).

Deux accidents longitudinaux juxtaposés. —On serait donc porté à admettre simplement une voûte déjetée vers le Sud, avec étirement des calcaires blancs et des conglomérats (ce qui est peut-être le cas pour l'extrémité occidentale), si la cluse de Pae-Mouro, contre laquelle la montagne se termine brusquement à l'Est, ne permettait pas de voir une structure infiniment plus compliquée.

Transportons-nous sur le flanc N.E. de la cluse et nous aurons un coup d'œil dans l'intérieur de la montagne (Profil XIII).

Nous voyons que les dolomies ne forment pas une voûte unique, embrassant toute la largeur de la montagne comme nous l'avons cru au premier abord, mais que celle-ci est divisée longitudinalement en deux parties: 1.° au Nord, une voûte complète, ayant comme noyau les marnes rouges infraliasiques, qui affleurent au Sud du four à chaux, et se terminant au ravin au pied duquel se trouve la mine d'eau de Pae-Mouro [1]. 2.° Une partie méridionale, formée par les dolomies liasiques recouvrant les conglomérats du Jurassique supérieur; nous la désignerons dans la suite comme *toit dolomitique* du S. Luiz.

Voyez l'explication détaillée des profils, à l'explication des planches.

Ce recouvrement est visible dans le ravin sur une longueur de près de 300 mètres, puis la ligne de contact contourne un rocher sinémurien escarpé (Padrão, cote 175), et on la retrouve à l'Ouest de ce rocher, dans le chemin qui conduit aux carrières situées au N.N.W. de Pena. Sur le flanc méridional, les éboulis empêchent de se rendre compte de la superposition. Les petits lambeaux de conglomérats du Malm, découverts, sont tous inclinés vers le Sud et semblent avoir glissé contre l'escarpement dolomitique, mais la cluse de Pae-Mouro est probante, et ce recouvrement est du reste confirmé par les ravins de serra dos Gaiteiros que nous examinerons plus loin.

Je n'ai pas d'observations permettant de juger du prolongement de ce dédoublement longitudinal vers l'Ouest. L'apparence normale que les grands recouvrements bathoniens donnent au jambage septentrional font supposer, au premier abord, qu'il est limité par la faille transversale divisant le noyau calcaire en deux parties bien distinctes, mais nous voyons que des lambeaux de calcaire blanc se trouvent aussi à l'Est de cette faille.

Quant aux lambeaux de conglomérats de la crête de la montagne, je pense qu'ils étaient en relation avec la nappe du flanc nord et non pas avec cette nappe souterraine.

Il nous reste à examiner si le Tertiaire passe aussi sous les dolomies, mais comme le contact est masqué par les éboulis, nous ne le ferons qu'après avoir vu la colline de Gaiteiros.

---

[1] La carte au 20.000e indique une source au pied d'un ravin, à 100 mètres au N.W. de la maison; je pense que l'on a voulu indiquer la mine, mais celle-ci se trouve au pied d'un ravin beaucoup plus long, aboutissant à 50 mètres au N.W. du premier, ainsi que je l'ai indiquée dans la carte géologique.

## XII.—Anticlinal de Gaiteiros

La Serra dos Gaiteiros[1] est séparée de celle de S. Luiz par la cluse de Pae-Mouro, dont elle se détache en se dirigeant vers le Nord-Est, ce qui est aussi la direction de l'anticlinal du Viso, tandis que celui de São Luiz semble plutôt dirigé E.N.E.

Sa longueur est de trois kilomètres, et son point culminant de 225 mètres[2], soit de 170 mètres plus bas que celui du S. Luiz. La ligne anticlinale ne passe pas par la ligne de faîte, mais par le pied du versant méridional. La ligne de faîte et le versant nord sont formés par les conglomérats du Malm plongeant vers le Nord.

Nous examinerons la bande dolomitique de l'Ouest à l'Est, puis nous reviendrons sur nos pas en examinant la bande miocène, que nous suivrons vers l'Ouest jusqu'à sa terminaison à l'Ouest du noyau calcaire du S. Luiz.

Nous avons vu, à la cluse de Pae-Mouro, que la montagne de S. Luiz est formée par une voûte septentrionale, suivie d'un avancement de la dolomie liasique par dessus les conglomérats du Malm (toit dolomitique). Ce double accident continue vers l'Est jusqu'au ravin de Fazendinha, (profils XII, XI et X). A l'extrémité nord, le fond du ravin est formé par des marnes rouges, surmontées de dolomies en lits minces qui, dans le chemin, ont fourni des fossiles hettangiens. Ces marnes sont la continuation de celles qui forment le noyau de la voûte à Pae-Mouro.

Dans la cluse de Pae-Mouro, le toit dolomitique a été enlevé par l'érosion sur une largeur de 200 à 300 mètres et une longueur de 700, mettant les conglomérats du Malm à découvert; mais à l'Ouest de Fazendinha (profils XI à IX), il en reste un lambeau formant un éperon de 300 mètres de longueur sur 100 de largeur, tandis que les ravins profonds, situés à 50 mètres à l'Est et à l'Ouest, ne montrent que les conglomérats du Malm avec des lambeaux de Crétacique et de Tortonien. Ici, il est incontestable que les dolomies s'avancent par dessus le Malm et le Tertiaire (profil IX).

De Fazendinha vers le N.E., les dolomies ne forment plus qu'une bande fort mince, ayant parfois moins de 50 mètres de largeur, mais étant plus large dans les ravins que sur les saillies qui les séparent, ce qui prouve qu'elle passe sous les conglomérats du jambage nord et ne leur est pas juxtaposée par faille. Elle semble devoir être considérée comme formant la continuation du toit dolomitique du S. Luiz, plutôt que celle de la voûte septentrionale.

Le ravin, à 150 mètres au Nord-Est de celui de Fazendinha, a aussi fourni des fossiles hettangiens, ainsi que le versant nord de celui de S. Paulo, tandis que le versant sud présente une dolomie plus compacte paraissant être supérieure, mais dont les fossiles sont insignifiants.

Entre S. Paulo et le couvent de Capuchos se trouve une carrière dans les couches à *Pecten pumilus* (profil VIII) qui continuent jusqu'au ravin du couvent, tandis que le versant nord de ce dernier montre les marnes rouges et les dolomies hettangiennes, surmontant le Tortonien (profil VII).

Entre Capuchos et Santo-Antonio, les strates dolomitiques plongent légèrement vers le Nord et semblent reposer sur des marnes rouges que je rapporte au Tortonien (p. 34).

L'Hettangien apparaît dans le ravin du champ de tir et dans celui de Santo Antonio (profil VI), où il semble être en contact avec les couches à *Pecten pumilus* (fossilifères), mais il y a une dislocation entre deux, autant que l'on peut en juger.

---

[1] La dénomination de Serra dos Gaiteiros se trouve dans la carte Neves Costa (1815), mais elle n'est pas reproduite dans la carte chorographique, ni dans celle de l'Etat-Major (1:20.000), qui ne donnent que les noms des points culminants, et ne citent pas les désignations d'ensemble des chaînes et des chaînons. Elle n'est plus employée par le peuple de la contrée qui, en général, ne conserve que les noms géographiques liés à une église ou à une chapelle. La maison située au sommet de la montagne se nommait Casal dos Gaiteiros (sobriquet de ses habitants); actuellement elle est désignée comme Casal da Serra et la montagne n'a plus de nom, c'est la «Serra».

[2] La carte chorographique donne 289 mètres, et celle de l'Etat-Major 225, ce qui concorde avec les courbes de niveau.

Dans les ravins d'Arca-d'Agua et de S. Paulo, il y a réintrance de la bande inférieure de conglomérats, comme c'est le cas à Pae-Mouro et à Fazendinha, ce qui prouve qu'elle continue à être recouverte par les dolomies. C'est aussi prouvé par la mine d'eau au-dessous de la carrière, au sud de Capuchos (profil VIII). Les strates de tous ces lambeaux de Malm plongent contre la montagne.

Les affleurements dolomitiques forment une ligne continue depuis Pae-Mouro jusqu'à 400$^m$ au N.E. de Santo-Antonio, mais dans le ravin à l'Est de ce point, le Tertiaire est en contact avec le Malm du jambage nord. Il semble y avoir interruption complète de la bande dolomitique jusqu'à Baixa-de-Palmella.

La carrière du four à chaux de Baixa-de-Palmella a 45 mètres de long et autant de large. Elle est ouverte dans des calcaires sinémuriens, fossilifères, plongeant vers le Nord sous un angle de 85° à l'extrémité méridionale, et de 70° sur le bord septentrional (fig. I et III).

Du côté du Nord, le calcaire est recouvert par un lambeau de marnes rouges avec gypse, que je considère comme infraliasique, recouvert lui-même par les conglomérats du Malm plongeant aussi vers le Nord, et supportant le Miocène.

Quoique le côté du Sud soit masqué par les déblais de la carrière, on peut constater que le Sinémurien recouvre les conglomérats du Malm (chemin entre le four supérieur et la carrière) et plus bas (four inférieur) on voit les sables du Tortonien, sur lesquels nous reviendrons en parlant de la bande miocène.

A l'Est et à l'Ouest de la carrière se trouvent des ravins entamant profondément des matériaux moins résistants. Sur le prolongement des strates sinémuriennes, le ravin de l'Ouest est d'environ 20 mètres inférieur, ses flancs sont absolument découverts, et pourtant on n'y voit que les conglomérats du Malm, relevés de 85° à 90.° (Ce ravin passe au pied oriental du profil IV). Le ravin situé à l'Est de la carrière est moins profond, mais permet pourtant aussi de constater l'absence incontestable du Sinémurien (profil II).

L'affleurement sinémurien ne peut avoir qu'une largeur de 60 mètres au plus, et s'il a une racine, elle ne peut se trouver qu'en profondeur, du côté du Nord [1].

A une centaine de mètres à l'Ouest du lit du ravin, au tournant de l'ancienne route de Palmella, apparaissent les gypses infraliasiques (profil V) dont l'affleurement se termine au val de Barris; il a donc environ 200 mètres de longueur. Il est bien découvert au croisement de l'ancienne route avec la nouvelle.

Ces marnes infraliasiques reposent sur des graviers roses pouvant appartenir au toit du Jurassique, au Crétacique, ou à l'Oligocène.

Ainsi que je l'ai déjà dit, la bande dolomitique paraît complètement manquer entre ce point et Santo-Antonio.

### Bande méridionale de Miocène entre Baixa-de-Palmella et l'extrémité du São Luiz

Ce qui précède nous montre que la colline de Gaiteiros est formée par un chapelet de dolomies liasiques, recouvert au Nord par un grand massif de conglomérats du Malm et reposant sur une bande mince de ces mêmes conglomérats, ces trois bandes plongeant vers le Nord.

Au pied de la bande inférieure (conglomérats) se trouve une bande de Miocène visible partout où elle n'est pas cachée par les éboulis ou par le manteau pliocène. Nous commencerons son examen par Baixa-de-Palmella.

Le four à chaux inférieur est creusé dans des sables tertiaires, qui sont très bien visibles (1905) auprès du four et au pied de la colline, au S.W. du four (profil III), tandis que les déblais les masquent au pied nord. Le manteau pliocène les recouvre du côté du Nord-Est.

Après avoir traversé le ravin passant à 50 mètres à l'Ouest des carrières, le Tortonien forme le pied de la colline jusqu'à la route inférieure de Baixa-de-Palmella, soit sur plus de 200 mètres. On

---

[1] L'exploitation a utilisé à peu près la totalité du calcaire, jusqu'au niveau du fond de la carrière, et va être obligée de s'enfoncer sous la colline. Il sera intéressant de visiter ce point dans quelques années.

y voit non-seulement les sables, mais aussi un banc de marno-calcaire arénacé, jaune clair, contenant de nombreux fossiles avec tests colorés en brun rougeâtre.

Ce calcaire plonge contre la montagne sous un angle variable, par suite des affaissements des sables.

Le profil IV passe sur le flanc occidental de ce ravin. Au-dessus du Tortonien fossilifère ($M^3$), on observe un petit complexe de strates, laissant dans le doute entre le Jurassique le plus supérieur, le Crétacique et l'Oligocène.

L'affleurement tortonien est interrompu, de même que les marnes infraliasiques, par le val de Barris, mais dans le premier ravin au Sud de ce val, on voit une couche de calcaire affleurer au milieu de sables fins, à l'altitude de 70 mètres. Il plonge vers le Sud sous un angle de 30°, et ne se montre que sur une hauteur de 1 mètre et une longueur de 2, étant recouvert par des sables blancs, et ceux-ci par les graviers pliocènes. Il n'a fourni que trois ou quatre fossiles, parmi lesquels *Ostrea gigantea* qui, d'après Mr. Cotter, le classe probablement dans le toit de l'Helvétien.

Du côté du Nord, les conglomérats jurassiques affleurent à une distance de 20 mètres, plongeant vers le Nord. Cet affleurement est le seul qui semble parler contre un recouvrement du Miocène par le Jurassique, et qui le mette en contact (immédiat?) avec la bande supérieure de conglomérats.

La bande de sables blancs ou rouges à concrétions sphériques affleure de places en places sous la végétation, depuis 200 mètres au N.E. de Santo-Antonio jusqu'au ravin de Pae-Mouro.

Leurs gisements fossilifères ont été décrits dans la première partie, ainsi que la présence de marnes à facies caspique, analogues à celles de l'Oligocène.

Dans la partie orientale, on voit la superposition des dolomies liasiques, mais sur une très faible profondeur. Elle est observable à la chapelle de Santo-Antonio et dans le ravin du couvent de Capuchos (profils VI et VII).

A l'Ouest de ce dernier ravin, le contact a lieu avec les conglomérats du Malm ou même du Crétacique; la superposition est visible dans le ravin à l'Ouest de S. Romão, sous la carrière entre Capuchos et S. Paulo (profil VIII), dans le ravin à l'Ouest de la ferme de S. Romão, et il peut être déduit de la position de l'éperon dolomitique de Boqueirão (profils IX à XI), quoique le contact ne soit pas parfaitement découvert.

Le chemin se détachant de celui de Pae-Mouro en direction du Nord, à 300 mètres à l'Ouest de Flamenga, montre aussi le contact des sables tortoniens et des graviers jurassiques plongeant tous deux vers le Nord. Ils s'engagent donc légèrement dans la cluse de Pae-Mouro, mais les marnes rouges, tortoniennes, s'y engagent bien davantage (profils XII et XIII).

Le gradin miocène du pied de S. Luiz passe au Sud de la ferme de Nena. Cette dernière est assise sur une masse de calcaire dolomitique, et des affleurements du même calcaire s'observent de places en places, dans la direction de la cote 175, mais je crois que ce sont des masses éboulées et que les conglomérats du Malm et le Miocène occupent tout le fond du demi-cirque s'étendant entre cette cote et l'éperon de Boqueirão.

Les strates formant le gradin miocène du pied sud du S. Luiz plongent vers le Nord sous un angle d'une vingtaine de degrés à son extrémité occidentale, de 45 à 50 vers le milieu, de 65 à Pena et de 80 à Fonte-da-Rotura.

Les éboulis masquent le contact avec le Jurassique, mais les ravins montrent qu'il a lieu, par les sables tortoniens, avec avancement de ces derniers dans les ravins. On ne peut pourtant voir le recouvrement direct qu'à l'entrée de la mine d'eau de Pena [1] qui est malheureusement obstruée; le calcaire jurassique repose sur les sables tortoniens, mais on ne peut pas affirmer que ce ne soit pas dû à un éboulement.

Redressement du Tertiaire à Rego-d'Agua.—A l'extrémité occidentale du noyau dolomitique du São Luiz, la montagne s'abaisse brusquement pour faire place aux conglomérats du Malm, tandis que le gradin miocène s'élargit pour se terminer par le petit plateau de Rego-d'Agua.

---

[1] Les maisons de cette ferme sont indiquées sur la carte géologique à 500 mètres à l'Ouest de Rotura.

Ce petit plateau est formé du Sud au Nord par le Burdigalien reposant sur l'Oligocène (profil XVII); il plonge vers le Sud sous un angle de 20° au point de contact, inclinaison qui atteint 40° près de la ferme Rego-d'Agua. La dépression au Nord de cette ferme correspond à un pli brusque[1] au-delà duquel on voit l'Helvétien supérieur plonger sous un angle de 80° vers le Nord, ce qui provient d'un renversement. Au bord septentrional de l'affleurement, l'Helvétien supérieur est en contact avec l'Oligocène renversé, et celui-ci avec le Malm, mais une bande de Crétacique s'intercale entre deux, à l'extrémité occidentale (profils XVIII et XIX).

Le Tortonien ne se montre donc pas sur ce plateau, mais il en subsiste un témoin sur le versant oriental du ravin, au Nord du moulin de Rego-d'Agua (profil XVI et carte). Je l'ai dessiné comme formant un angle beaucoup moins aigu que celui de Rego-d'Agua, mais on ne peut observer que la tête des couches; il est donc fort possible que le renversement soit aussi accentué.

CONCLUSIONS. — La question capitale qui se pose est de savoir si le contact du Miocène avec les terrains plus anciens est dû à une faille ou à un recouvrement.

Les recouvrements directs entre Baixa-de-Palmella et Fazendinha ne sont visibles que sur une si faible profondeur, que l'on pourrait attribuer ce contact à une faille faiblement oblique, mais l'avancement de la ligne reliant les extrémités des toits dolomitiques de Fazendinha et du S. Luiz, paraît bien indiquer un mouvement plus ou moins horizontal. Un autre argument parlant dans le même sens est fourni par le pli renversé du Miocène de Rego-d'Agua, avec ses lambeaux d'Oligocène et de Crétacique.

## XIII. — Ecaille de Palmella

Carte : pl. III ; profils : 1, pl. III, A, pl. IV, 1-5, pl. VI ; vues : pl. X

La colline de Palmella est formée comme l'anticlinal de Gaiteiros, dont elle est la continuation, par une voûte déjetée vers le Sud, mais cette voûte est rasée presque horizontalement et est recouverte par une écaille de Miocène à strates fortement inclinées vers le Nord.

Considérons d'abord la voûte jurassico-oligocène. Les profils font voir qu'elle est essentiellement analogue à celle de Gaiteiros, et constituée comme celle-ci en majeure partie par les conglomérats jurassiques.

Son extrémité méridionale est formée aujourd'hui par le récif de calcaires sinémuriens de Baixa-de-Palmella, qui a une plus forte résistance aux agents atmosphériques que les roches ambiantes.

Nous avons vu (p. 65) que ce calcaire ne peut avoir de prolongement qu'en profondeur, vers le Nord, et nous ne reviendrons pas sur sa description, ni sur celle du Tortonien qui se trouve à son pied (même page).

L'écaille miocène, recouvrant l'anticlinal, a la forme d'un pentagone allongé, dont le sommet est tourné vers le Sud. Elle est limitée par la ligne de contact anormal avec cette base, sur les côtés W., S.W. et S.E., le flanc oriental étant masqué par les sables pliocènes, tandis que la limite septentrionale n'est pas discernable au milieu des sables avec quelques pointements de calcaire, qui terminent le Miocène vers le Nord.

Du côté S.E., cette ligne est en partie masquée par les éboulis et les cultures, mais j'ai pourtant constaté la présence des conglomérats depuis 200 mètres S.S.W. de Quinta da Gloria, jusqu'à la pointe au-dessus des carrières du four à chaux (longueur 600 mètres).

Depuis ce point, la ligne de contact est absolument découverte. Elle coupe vers le N.W. pour rejoindre l'ancienne route de Palmella, qu'elle suit jusqu'au pied occidental de la colline du château (longueur 900 mètres), d'où elle se dirige vers le Nord, traversant la nouvelle route près d'une maison

[1] L'axe du pli est bien visible sur le flanc gauche du ravin, au-dessus d'une fouille pour la recherche de l'eau, située à environ 100 mètres au Sud-Est du réservoir d'eau de la ferme.

neuve, et se maintenant au-dessous des maisons occidentales de Palmella jusqu'au ravin de la fontaine publique de l'entrée du bourg (longueur 500ᵐ).

L'altitude de la ligne de contact anormal est environ de 140 mètres à son extrémité septentrionale, de 170 sur l'ancienne route, à l'extrémité de la colline du château, ce qui est son point maximum, de 125 au-dessus de la carrière de Sinémurien et à environ 80 mètres au sud de la ferme de Gloria.

Ces cotes semblent indiquer une surface de contact anormal, en forme de toit, dont le versant S.E. aurait une inclinaison de 3° environ, et le versant N.W. une inclinaison presque double.

Au Nord du contact anormal, le Miocène de l'écaille est en contact avec le Miocène du contrefort de Serra dos Gaiteiros formant la crête des moulins d'Anjos.

Les difficultés provenant de l'analogie pétrographique et paléontologique mentionnée p. 32, et le recouvrement partiel par des sables probablement pliocènes ou tortoniens, ne m'ont pas permis de me rendre compte des dénivellements accompagnant de fréquents changements dans le sens du plongement des strates.

Abstraction faite de quelques irrégularités locales, l'inclinaison des strates formant l'écaille a lieu vers le N.N.W.[1] dans la partie sud, jusque vers S. João, où elles se relèvent brusquement et plongent 35° vers le Sud au contact de la faille.

Sur le bord oriental de l'écaille, au Nord du parallèle du château, le plongement a lieu vers l'Ouest sous un angle de 20 à 25°; dans cette partie, les strates sont donc relevées sur les deux bords de l'écaille.

Le Burdigalien inférieur ne se montre que dans la partie S.E., sur la ligne de contact anormal, et au contact du contrefort des moulins d'Anjos.

Limite occidentale. — Les signes de dislocation sont bien visibles à la jonction avec le Miocène des moulins d'Anjos. Le Burdigalien venant de l'Ouest se voit jusqu'au ponton de la route, au-dessous de la fontaine publique[2], tandis que de l'autre côté de la faille, les calcaires supportant S. João appartiennent à l'Helvétien supérieur.

Au Sud de la fontaine publique, la route suit le pied d'un rocher coupé par une surface lisse, inclinée vers l'Ouest. C'est une surface de friction, coupant la tranche des strates, qui plongent vers le Sud; des constructions empêchent d'observer l'âge des strates en contact; elles sont probablement burdigaliennes.

Cette faille N.-S. n'affecte que l'écaille Miocène, sans entamer le complexe arénacé, jurassico-oligocène, sous-jacent. Elle suit à peu près la route royale jusqu'à la ferme d'Atalaya[3], les couches plongeant en sens opposé de chaque côté de la faille.

Au croisement des routes à la sortie du bourg, la lèvre occidentale présente la base de l'Helvétien, tandis que la lèvre orientale appartient à l'Helvétien supérieur.

Les couches à Helix réapparaissent au Nord de la route de la gare, dans le petit îlot calcaire de Samouco, tandis que tous les affleurements environnants sont de l'Helvétien supérieur. Il y a donc l'indice d'une dislocation, mais le recouvrement superficiel ne m'a pas permis de la suivre. C'est probablement une brisure transversale de l'écaille.

Cette dernière a donc une faille bien visible comme limite occidentale, tandis que la limite orientale est masquée par le Pliocène; elle passe un peu à l'Ouest de la route de Setubal et est indiquée par l'affaissement de la région pliocène au pied de la colline, et aussi par le relèvement des strates miocènes sur les bords; elles plongent vers l'Ouest, comme nous l'avons déjà vu.

La largeur maxima de l'écaille n'est donc que de 1400 mètres.

Les conditions du contact du Miocène avec les strates jurassico-oligocènes sont surtout observables sur le Jurassique, dont les strates sont plus résistantes, tandis que les deux autres membres sont constitués par du gravier facilement déformable.

---

[1] Voyez l'observation (p. 69) sous le titre «Vue d'ensemble».

[2] Indiqué par un parallélipipède au Sud de la jonction des chemins.

[3] Indiquée sur la carte à l'extrémité nord de la faille, mais sans dénomination.

Sur les points où les strates jurassiques et les strates miocènes plongent contre la montagne, et où l'angle de plongement est le même, on est au premier abord amené à croire à une concordance, mais la direction des strates n'est pas la même. Dans le grand ravin au Sud du château, on peut constater que le Jurassique est dirigé de l'Ouest à l'Est, tandis que le Miocène est dirigé N.N.E.-S.S.W.

Vue d'ensemble.—Pour pouvoir embrasser d'un coup d'oeil la superposition de l'écaille miocène sur le complexe jurassico-oligocène, il faut se placer sur la crête formant le contrefort miocène des moulins d'Anjos; le point le plus favorable est au moulin à vent de Louro, à 700 mètres de Palmella. La photographie (II pl. X) est tirée du versant au-dessous de ces moulins. Depuis ce point, on distingue bien le relèvement des couches à S. João, mais on voit fort mal la carrière sinémurienne, et les strates miocènes au Sud du château semblent plonger vers le Sud, ce qui tient à une illusion d'optique. Pour bien juger de cette partie méridionale de la coupe, il faut se transporter sur le flanc N.E. de Serra dos Gaiteiros, au dessus de Casal-do-Telhal, d'où est tirée la vue I.

### Résumé et considérations sur le chaînon São Luiz—Palmella

1°—La 3e ligne de dislocations est formée par quatre bandes superposées, plongeant en général vers le N.E., et recouvertes à l'extrémité orientale par l'écaille miocène de Palmella. Ce sont du Nord au Sud:

*a)* Le jambage nord, formé par les conglomérats néo-jurassiques, le Crétacique et le Tertiaire de la bordure générale de la chaine. Les conglomérats néo-jurassiques forment presque la totalité de la montagne.

*b)* Un noyau ancien (Infralias, Dolomies et Bathonien) ayant subi de nombreuses dislocations.

*c)* La bande inférieure de conglomérats néo-jurassiques.

*d)* La bande inférieure de Tertiaire. Au pied de la montagne de São Luiz, cette bande forme le dernier terme du jambage nord de l'anticlinal du Viso (2e ligne de dislocation). A son extrémité occidentale s'étendant au-delà de la montagne, elle montre un pli couché qui n'est pas observable au pied de la montagne, où les strates supérieures paraissent reposer normalement et plonger vers le Nord. Au pied de Serra dos Gaiteiros, le Miocène n'est représenté que par le Tortonien formant une bande étroite, recouverte au Sud par le Pliocène. Vu la rareté des fossiles et le peu de consistance des sables, on ne sait pas si ces strates sont normales ou renversées.

2°—Cette région est affectée par de nombreuses dislocations transversales qui sont surtout sensibles dans le noyau ancien. Je citerai celles qui terminent le noyau de la montagne de S. Luiz à ses deux extrémités et aux deux tiers orientaux, en produisant un affaissement graduel vers l'Est (voyez le profil I, pl. I, et les silhouettes pl. III).

Dans la partie étroite du noyau ancien, elles amènent le contact de couches d'âges fort différents, ou même des interruptions, les lambeaux du noyau se présentant alors comme des «Klippen» au milieu des conglomérats.

L'écaille de Palmella est aussi limitée à l'Est et à l'Ouest par des dislocations transversales.

3°—Le noyau ancien (Infralias, Dolomies, Bathonien) s'étend de l'extrémité occidentale de la montagne de São Luiz jusqu'à Baixa-de-Palmella, avec deux interruptions vers cette extrémité.

L'Infralias ne forme que des lambeaux de petites dimensions; il semble n'être représenté que par les strates immédiatement inférieures au Sinémurien, sauf peut-être à Baixa-de-Palmella, où les marnes rouges, gypsifères ont un développement plus grand, quoique bien faible, comparativement à Cezimbra.

A l'Ouest de la grande faille transversale de la montagne de São Luiz, les strates paraissent se succéder normalement en plongeant vers le Nord, depuis l'Infralias jusqu'au Bathonien, mais ce dernier manque sur tout le reste du chaînon.

Les calcaires lusitaniens manquent complètement, et les conglomérats néo-jurassiques semblent s'être déposés directement sur le Bathonien ou sur les dolomies.

L'absence du Bathonien sur la presque totalité du chaînon, et celle du Lusitanien sur sa totalité, semblent devoir être attribuées à un étirement et à une destruction antérieure au dépôt des conglomérats néo-jurassiques.

4.° — Les ravins de Pae-Mouro et de Fazendinha permettent de voir que l'extrémité occidentale du S. Luiz est formée par deux accidents longitudinaux juxtaposés: au Nord, une voûte, et au Sud, un toit de dolomies liasiques, reposant sur les conglomérats néo-jurassiques. On ne peut pas constater si ce double accident s'étendait vers l'Ouest, au-delà de la grande faille transversale; dans l'affirmative, le froissement qui l'a produit ne se serait pas transmis au manteau bathonien.

Ce toit, qui semble être le résultat d'un glissement horizontal, peut s'expliquer théoriquement par une voûte couchée, étirée. Dans la figure ci-dessous, j'admets que le Néo-Jurassique s'est déposé directement sur les dolomies, dans cette partie de la montagne.

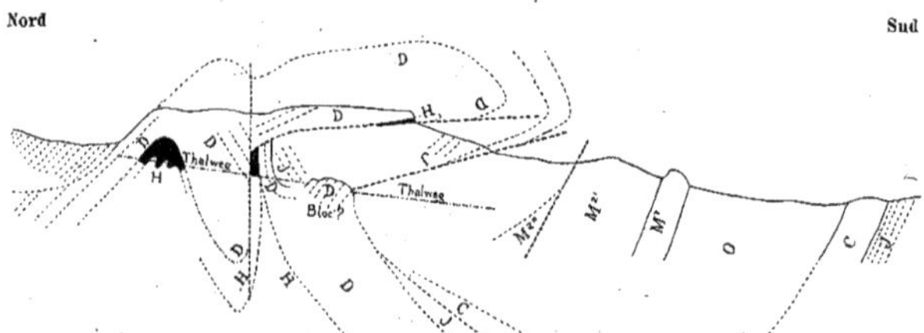


Fig. 17. — Figure schématique du double accident de l'extrémité orientale du São Luiz. (Explication des monogrammes, pl. VI).

A l'Est de Fazendinha, le noyau dolomitique se réduit à une bande très étroite, affectée par de nombreuses dislocations transversales, et qui ne semble représenter que l'accident méridional (toit dolomitique). Cette bande s'interrompt à deux reprises vers son extrémité orientale, les derniers affleurements formant des récifs isolés au milieu de conglomérats; je ne puis pas dire s'ils ont une racine. A Baixa-de-Palmella, il y a renversement de l'Infralias sur le Sinémurien.

# RÉSUMÉ ET CONSIDÉRATIONS SUR L'ENSEMBLE DE LA CHAÎNE

Pour la **composition du sol**, on se reportera au résumé qui en a été donné au commencement de la première partie.

**Disposition générale.** — La chaîne de l'Arrabida est coupée abruptement par l'Océan, à l'Ouest et au Sud. Les lignes bathymétriques montrent de grandes profondeurs, qui courent parallèlement au pied de ces escarpements et contournent brusquement le cap d'Espichel. Il semble donc que l'on se trouve en présence du bord N.E. d'une chaîne plus étendue, effondrée dans l'Océan.

Elle est formée par trois lignes de dislocations orientées à peu près de l'Ouest à l'Est, et se succédant en retrait du S.W. au N.E. Les dislocations des 2<sup>e</sup> et 3<sup>e</sup> lignes sont des plis renversés vers le Sud, n'empiétant que faiblement sur la ligne précédente.

En outre, l'extrémité de la dernière ligne est recouverte par une écaille de Miocène ayant chevauché horizontalement sur les strates redressées des terrains plus anciens.

Les deux premières lignes sont bordées au Nord par une ceinture commune, formée par des bandes successives de Néo-Jurassique, de Crétacique, d'Oligocène et de Miocène, dont les strates plongent assez régulièrement vers le Nord. Vers l'extrémité orientale, cette ceinture se bifurque pour contourner la 3<sup>e</sup> ligne.

Du côté oriental, la chaîne est limitée par des failles et par une bordure de Miocène qui la sépare du plateau pliocène.

Les terrains les plus anciens sont des marnes rouges avec gypse et dolomies contenant des fossiles hettangiens. Ces marnes sont bien découvertes dans les dislocations de Cezimbra : elles se montrent peut-être au Viso, et avec certitude dans les anticlinaux de São Luiz et de Gaiteiros, mais n'y forment que des lambeaux de dimensions fort restreintes.

Les roches éruptives sont abondantes dans les dislocations transversales des environs de Cezimbra, et quelques filons se trouvent entre ce point et le cap d'Espichel. En dehors de cette région, je n'en connais qu'un seul, situé à l'extrémité occidentale de l'anticlinal du Formosinho.

**Dislocations transversales.** — Les accidents transversaux sont très fréquents et appartiennent à trois catégories.

*a*) Déviation brusque des strates. — Exemples : monoclinaux du Burgao et d'Ares, terminaison de l'anticlinal du Solitario à Alpertuche, terminaison de l'anticlinal du Formosinho à Outão, qui entraîne la fin de l'affleurement bathonien et l'interruption de la bande tertiaire entre Albarquel et Anixa.

*b*) Failles transversales avec rejets verticaux. — Celles de petites dimensions sont très fréquentes ; parmi les plus importantes je citerai celle du horst du fort de Baralha, qui met le Lusitanien en contact avec les dolomies bajociennes, celle du monoclinal d'Ares, qui met l'Hettangien en contact avec le Crétacique, celles qui terminent le noyau calcaire du Viso, celle qui partage en deux la colline de

S. Luiz et enfin celles qui limitent la chaîne vers l'Est, autant à la colline de Palmella qu'à l'extrémité de la deuxième ligne.

*c*) Décrochements horizontaux.—Les décrochements horizontaux, de faible rejet, sont très nombreux dans toute la chaîne. Ils sont surtout observables dans les falaises, où les strates sont bien découvertes, et où la couleur foncée du complexe dolomitique fait contraste avec la blancheur du calcaire bathonien. Ils le sont plus difficilement dans les calcaires lusitaniens et dans le Néo-Jurassique, mais le sont davantage dans le Crétacique, à cause de l'alternance des grès et des calcaires à caractères bien distincts, et plus résistants aux agents atmosphériques que les marnes arénacées de la partie supérieure du Néo-Jurassique.

Quelques-uns de ces décrochements transversaux du noyau dolomitico-calcaire ne semblent pas avoir de continuité jusqu'à la ceinture crétacique; ils se perdent probablement dans le Néo-Jurassique, par suite de la compressibilité des strates.

D'autres traversent au contraire toute la chaîne et se perdent sous le manteau pliocène (Azoia, Frade), tandis que d'autres, bien visibles dans la ceinture crétacique, n'ont peut-être pas de continuité dans le noyau calcaire (Cabeços), ce que je n'ai pas examiné suffisamment pour pouvoir être affirmatif.

Le rejet horizontal des décrochements d'Azoia et de Frade atteint 500 mètres dans le Crétacique. Ce dernier, qui traverse l'anticlinal de Cezimbra, y est accompagné d'un paquet de Néo-Jurassique, pincé entre l'Hettangien et la base du Lusitanien.

Nous avons vu plus haut que les émissions de roches éruptives ont généralement eu lieu par les dislocations transversales à l'ensemble de la chaîne, quoique longitudinales par rapport aux anticlinaux.

**Dislocations longitudinales.**—La première ligne de dislocations s'étend du cap d'Espichel à Portinho-d'Arrabida. Sa partie la plus compliquée se trouve aux environs de Cezimbra et est formée par une déviation à angle droit de l'anticlinal du Burgao, vers le N.E., pour former l'anticlinal du château de Cezimbra, et par le horst incliné, ou monoclinal d'Ares, orienté vers le N.W. Leur rencontre a lieu sous un angle aigu, qui est coupé transversalement par la faille de Sant'Anna, dirigée de l'Est à l'Ouest.

Les autres composants de cette ligne sont un horst transversal (fort de Baralha) et quatre accidents longitudinaux, réduits au jambage septentrional (Espichel, Burgao, Risco, Solitario), limités au Sud par l'Océan qui empêche d'en observer la base.

Notons encore un accident de nature douteuse, dont il ne reste que de faibles débris, le fort de Cavallo, séparé de l'anticlinal du château par un fossé rempli de Néo-Jurassique.

Un fait remarquable est l'étirement en coin des masses calcaires, dans le sens longitudinal, l'exemple le plus curieux étant fourni par le cap d'Espichel. Le Bathonien s'y étire vers l'Ouest, au point que les calcaires lusitaniens reposent sur les dolomies; ces calcaires disparaissent à leur tour à 600 mètres plus à l'Ouest, et c'est la base du Néo-Jurassique qui repose directement sur la dolomie.

La présence de nombreux filons éruptifs dans la falaise de l'Océan, entre le cap d'Espichel et Seixalinho, fait naître la supposition qu'il y avait, plus à l'Ouest, une région à accidents transversaux plus ou moins analogue à celle de Cezimbra, et actuellement submergée.

Les falaises maritimes représentent-elles les restes de voûtes, comme celle du château, ou de monoclinaux, comme celui d'Ares, ou bien sont-ce des plis couchés, dont on ne voit que le jambage septentrional?

Il semble que cette dernière hypothèse est la vraie, car les dolomies sinémuriennes s'élevant au-dessus de l'Océan à Cova-da-Mijona, sont aussi puissantes qu'à la colline d'Ares. Elles devraient donc reposer sur les marnes infraliasiques, mais celles-ci ne peuvent guère former le talus fortement incliné qu'accusent les courbes bathymétriques. Les étirements en biseau, constatés dans les calcaires au-dessus des falaises, parlent aussi en faveur d'un charriage.

Il y a donc lieu de supposer que le jambage septentrional, normal, repose sur une répétition des mêmes calcaires renversés, comme c'est le cas au Formosinho.

La deuxième ligne de dislocations, qui commence au nord de l'extrémité orientale de la première, est formée par les anticlinaux du Formosinho et du Viso, l'axe de ce dernier empiétant un peu sur l'extrémité orientale du premier.

Le Formosinho montre un pli couché, avec étirement local des strates du jambage méridional, qui est pourtant bien conservé. Sur divers points, il y a parallélisme des couches recouvrantes avec les couches renversées.

L'axe de la voûte est formé par un complexe argileux, appartenant au Bajocien, et pourtant quelques fossiles prouvent la présence de l'Aalénien; il est possible qu'il y ait eu glissement du jambage supérieur sur l'inférieur.

L'anticlinal du Viso présente un type spécial: une voûte à flancs fortement redressés, avec failles longitudinales ayant fait disparaître le Bathonien du jambage septentrional, et ayant introduit un paquet de Néo-Jurassique entre le Lusitanien et les dolomies bajociennes.

Cet accident est en outre compliqué par des failles transversales, et, à en juger par ses extrémités, le Néo-Jurassique a été charrié sur le noyau calcaire.

Au bord méridional, près de l'Océan, il y a renversement des strates, du Crétacique au Burdigalien.

La 3° ligne de dislocations présente, au milieu de la longueur de son noyau calcaire, deux accidents longitudinaux juxtaposés, celui du Nord étant une voûte à peu près normale, tandis que celui du Sud est un toit formé par les calcaires sinémuriens, ayant parfois à leur base des lambeaux d'Hettangien, et reposant sur une bande de Néo-Jurassique qui elle même recouvre le Tortonien.

La bande néo-jurassique présente tantôt à sa base, tantôt au sommet, des lambeaux de grès à nuances claires, appartenant au Crétacique ou au sommet du Jurassique.

Cette forme curieuse peut être expliquée par un pli couché sur le Tortonien, dans lequel le jambage méridional n'est représenté que par le Néo-Jurassique, les marnes hettangiennes ayant favorisé le glissement horizontal.

Les divers membres réapparaîtraient en profondeur, et se relèveraient pour former l'anticlinal du Viso, ainsi que le fait voir la figure 17, pag. 70, mais ce profil schématique ne nous indique pas comment les divers membres du Tertiaire parviennent à se loger dans le petit espace disponible.

Ce noyau dolomitique, formant l'axe de l'anticlinal, est relativement large au S. Luiz, mais il se rétrécit rapidement vers l'Est, ne présentant plus qu'une bande étroite n'ayant parfois que quelques mètres d'épaisseur, formée tantôt par le Lias avec lambeaux d'Hettangien, tantôt par l'Aalénien. Il y a même interruption complète vers l'extrémité orientale, avant les derniers affleurements, qui sont formés par l'Hettangien et le Sinémurien.

Le dernier terme de la chaîne est une écaille de Miocène, à strates relevées sur le pourtour, mais plongeant principalement vers le Nord, reposant sur l'extrémité orientale du jambage septentrional de l'anticlinal de Gaiteiros.

**Mouvements du sol.**—Le terme le plus ancien affleurant dans la région est une formation caspique représentant l'*Hettangien*.

Le *Lias* et le *Bajocien* qui lui succèdent sont des dépôts franchement marins, mais ne contenant que des espèces de rivage. Nous remarquerons spécialement la rareté des Céphalopodes, qui ne sont représentés que dans le Lias moyen, et seulement par trois fragments d'Ammonites et autant de Bélemnites.

Au-dessus du Bajocien se trouvent de nouveaux dépôts à aspect saumâtre, recouverts par le *Bathonien* à caractère franchement marin. Ce dernier paraît s'être déposé uniformément sur toute la contrée, si l'on attribue son absence sur quelques points à des mouvements postérieurs. La faune a le même caractère, d'un bout à l'autre de la chaîne, sauf au São Luiz.

La *faune callovienne* manquant complètement, il semblerait donc y avoir une lacune entre le Bathonien et le Lusitanien, mais la faune des strates inférieures de ce dernier étage présente un tel enchaînement avec celle des strates supérieures du Bathonien qu'on arrive plutôt à admettre une adaptation du Callovien au facies bathonien.

Le *Lusitanien* est franchement marin, à faune de rivage.

Mouvement post-lusitanien.—Après le dépôt du Lusitanien eut lieu un mouvement fort important, attesté par l'apparition, à la base du *Néo-Jurassique*, d'une faune saumâtre, passant même à une faune limnique à l'extrémité occidentale de la chaîne, et par l'apport subit de matériaux de charriage, d'autant plus abondants et plus volumineux qu'ils sont plus orientaux.

Ces matériaux proviennent en partie du Paléozoïque et en partie du Jurassique, et parmi ces derniers on distingue, non seulement du calcaire blanc provenant du Bathonien et du Lusitanien, mais aussi des dolomies bajociennes et liasiques.

Au São Luiz, les conglomérats reposent directement sur le Lias, le Bajocien ou le Bathonien, ce qui est aussi le cas pour ce dernier étage sur un ou deux points de la première ligne de dislocations. La destruction des roches intermédiaires a donc pu donner des matériaux pour la formation des conglomérats néo-jurassiques, mais ces surfaces sont trop restreintes pour avoir pu fournir cette énorme quantité de cailloux roulés. Il faut admettre qu'ils sont venus de montagnes actuellement disparues.

Mouvement post-portlandien.—Le Néo-Jurassique du cap d'Espichel est formé de calcaires et de marnes à fossiles marins, sauf les strates les plus supérieures qui sont des grès très fins, à faune marine.

Ils sont subitement recouverts par les graviers grossiers du Crétacique, ne représentant probablement que le *Valanginien*, ce qui entraînerait l'admission d'une lacune correspondant à l'*Infra-Valanginien.*

A cet émergement succéda un affaissement permettant aux mers s'étant succédé du Hauterivien au Gault de former au cap d'Espichel une alternance de dépôts marins, plus ou moins détritiques, tandis que ces derniers matériaux prennent le dessus à peu de kilomètres à l'Est, et que dans la partie orientale, le Crétacique ne semble représenté que par les graviers du Valanginien.

Rien ne permet de dire si le Crétacique du cap s'étendait jusqu'au *Turonien,* comme aux environs de Lisbonne. La disparition graduelle de ses strates dans la direction de l'Est peut être attribuée soit à l'érosion pré-oligocène, soit à l'absence de dépôts par suite d'un émergement de la région orientale.

Cet émergement correspond à la plus grande lacune de sédimentation du pays, elle comprend une partie du Crétacique et la totalité de l'*Eocène,* car la *formation basaltique,* paraissant correspondre à cet étage dans la région de Lisbonne, fait complètement défaut dans l'Arrabida.

Les strates qui reposent sur le Crétacique sont des conglomérats avec lits calcaires, sans fossiles, que les géologues portugais considèrent comme *oligocènes,* à cause de leur recouvrement par le *Burdigalien.*

Aux environs du cap d'Espichel, le Crétacique est directement recouvert par le Burdigalien moyen; la lacune est donc augmentée par l'absence de l'Oligocène et du Burdigalien inférieur.

L'amincissement et la disparition de l'Oligocène du côté occidental peuvent être attribués à la plus grande distance du continent qui lui fournissait ses matériaux, tandis que la disparition du Burdigalien inférieur du côté occidental est plus difficile à expliquer. Il semble anormal que ces dépôts marins, si bien développés du côté oriental, ne se soient pas déposés du côté de la pleine mer, et on en arrive à une hypothèse non moins difficile à admettre: la destruction de ce terrain (ainsi que de l'Oligocène?) du côté de la pleine mer seulement, et le dépôt direct du Burdigalien moyen sur les strates du Gault.

La difficulté est encore plus grande à Portinho-d'Arrabida, où l'*Helvétien supérieur* s'est déposé directement sur les strates redressées du Mésozoïque et de l'Oligocène, quoique les termes inférieurs du Miocène se trouvent à une faible distance.

On en arrive à la déduction que la mer miocène, jusqu'à l'Helvétien inférieur inclusivement, s'est étendue sur toute la contrée, quoique le voisinage de la côte à la fin du Burdigalien soit indiqué par la présence de nombreuses coquilles d'Helix, mélangées aux espèces marines.

Le plissement du Formosinho et probablement celui du Viso, auraient eu lieu après le dépôt de l'Helvétien inférieur, et un empiétement de la mer aurait permis aux strates de l'Helvétien supérieur de se déposer sur le Mésozoïque redressé (fig. 18).

Mouvement post-tortonien.—Les mouvements continuèrent avec ou sans interruption; l'Helvétien supérieur fut ployé à son tour, mais ce n'est que la 3° ligne de dislocations qui montre les strates tortoniennes, et qui, par conséquent, permet de reconnaître leur recouvrement par le Mésozoïque.

L'écaille de Palmella doit-elle être considérée comme le témoin d'une nappe charriée par dessus la totalité de la chaîne, ou du moins du 3e chaînon, ou bien n'est-ce qu'un petit morceau détaché du contrefort miocène du jambage septentrional, et charrié seulement par dessus l'extrémité de la chaîne, postérieurement à son plissement et à un premier nivellement.

Fig. 18. — Le Formosinho lors du dépôt de l'Helvétien supérieur.

Cette deuxième hypothèse est probablement la vraie, car il serait fort surprenant que l'érosion ait pu enlever cette vaste nappe sans en laisser de vestiges.

Pour que le charriage puisse avoir lieu, il fallait naturellement que les strates situées au Nord de l'écaille fussent à la même altitude que cette dernière. Leur affaissement, qui a formé le synclinal d'Albufeira, est donc postérieur à ce charriage, ce qui nous donne l'âge des dislocations qui limitent l'ancienne baie du Tage.

Le dernier terme de la série stratigraphique réserve aussi une énigme. Le manteau argilo-arénacé qui couvre le milieu de la péninsule de Setubal est attribué au *Pliocène*, et d'après les débris défectueux de végétaux trouvés à Alfeito, ce serait du Pliocène ancien ou même des strates antérieures. Ce manteau semble avoir pris part aux mouvements orogéniques, non seulement parce qu'il est légèrement relevé au voisinage de la ceinture miocène, mais aussi parce que des dépôts identiques se trouvent à l'intérieur de la chaîne.

En résumé, des mouvements d'exhaussement se manifestent à plusieurs reprises dans la région, surtout dans la partie orientale. Un des plus importants a lieu à la fin du Lusitanien, et le voisinage immédiat d'une terre émergée, vers l'Est ou le S.E., est constant à partir de cette même époque.

Un plissement important a eu lieu pendant l'époque helvétienne, mais celui qui donna aux strates leurs formes actuelles est postérieur au dépôt des strates tortoniennes, du moins pour le troisième chaînon.

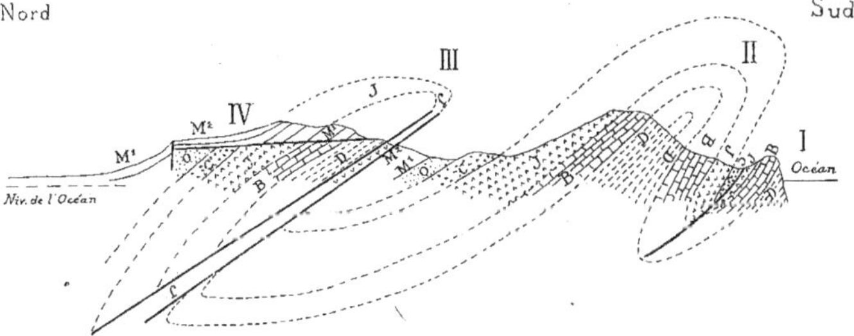


Fig. 19. — Profil schématique de la chaîne de l'Arrabida ramenée sur une ligne transversale.
I. Pli et effondrement du littoral. — II. Pli couché du Formosinho. — III. Chevauchement du São Luiz. — IV. Chevauchement de Palmella.

L'Helvétien supérieur marque une transition accentuée; mais il ne semble pas avoir recouvert toute la contrée, ce qui n'est certainement pas le cas pour le Miocène inférieur.

La figure 19 serait une représentation schématique de l'ensemble des plis, s'ils se trouvaient sur une même ligne transversale. Elle fait voir que l'étirement des strates et leur chevauchement sont d'autant plus accentués que les plis sont plus récents.

Nous remarquerons, en outre, que l'axe des plis et les surfaces de charriage sont formés par des strates argileuses ayant favorisé le mouvement. Ce sont les marnes hettangiennes à la faille d'Ares, aux anticlinaux de Cezimbra et du Viso, et à l'étirement du S. Luiz et de Gaiteiros, et les marnes bajociennes au Formosinho.

Pour terminer, nous nous demanderons pour quel motif la chaîne de l'Arrabida présente des plissements aussi accentués, tandis que les plis de la région mésozoïque au Nord du Tage ne sont que de faibles ondulations, sauf toutefois les redressements et renversements sur les deux flancs du laccolithe de Cintra.

L'obstacle contre lequel se sont brisés les plis de l'Arrabida est actuellement recouvert par l'Océan, mais je crois qu'il en reste des témoins dans les îlots dévoniques situés entre Palma et Santa Suzanna, entourés d'Oligocène et de Miocène redressé, et se trouvant sur le prolongement d'une ligne de hauteurs relatives, traversant la pénéplaine de l'Alemtejo jusqu'à Elvas [1]. Peut-être y a-t-il une connection entre cette ligne et la ligne de hauts fonds s'étendant entre cette partie de la côte et l'île de Madère.

---

[1] Voyez : Choffat, *Notice sur la carte hypsométrique du Portugal.* Communicações, VII, 1907.

# EXPLICATION DES PLANCHES

## PLANCHE I

**Carte.** — **Esquisse d'une carte tectonique de la chaine de l'Arrabida.**

Réduite de la carte de l'Etat-Major au 20.000ᵉ, à une échelle un peu plus petite que 1 : 80.000.
La ligne nord-sud est un peu oblique, voyez la flèche à droite.
Le demi-cercle indiquant la position de Setubal est trop petit; il devrait s'étendre jusqu'à la faille passant à l'Ouest.
Le deuxième signal géodésique, dans la bande crétacique en partant du cap, devrait porter la désignation de Caixas au lieu de Casaes.

**Profil I.** — Profil longitudinal de la colline de São Luiz, passant par la crête, et ayant en dessous la projection des affleurements du Néo-Jurassique et de l'Hettangien du flanc méridional. Cette projection représente par conséquent un plan différent de celui du profil. On remarquera que les calcaires bathoniens de l'extrémité orientale n'y ont pas été indiqués, le profil passant plus au Sud.
La trace du profil n'est pas indiquée dans la carte pl. III; elle suit une ligne droite passant par Pae-Mouro et le signal du S. Luiz.

**Profil II.** — Profil traversant l'anticlinal du château de Cezimbra et le monoclinal d'Ares. Sa trace figure sur la carte planche II, sous la désignation de : Pl. I.
L'explication de la coupe du Lias au Bathonien, de la colline d'Ares, se trouve p. 18.
Pour l'explication des couleurs, voyez la légende de la carte de Cezimbra, pl. II, et pour les monogrammes celle des profils de Cezimbra, p. 46-bis.

## PLANCHE II

**Carte des environs de Cezimbra.** Echelle 1 : 20.000.

Les désignations des collines sont tirées de la carte Neves Costa. J'ai appris depuis lors qu'il est probablement plus exact d'écrire *cerro* au lieu de *serro*.
La trace du grand profil brisé : Pl. I, correspond au profil II de planche I et les autres aux profils de Cezimbra, p. 46-bis.
Près de la fabrique de savon, au N.E. de Cezimbra, se trouve un filon éruptif mal visible, vu ses dimensions restreintes.
Le complexe saumâtre, intermédiaire entre le Lusitanien et le Ptérocérien, étant représenté par des calcaires blancs à l'Ouest du méridien de Cezimbra, est compris dans le premier de ces étages, dans cette région seulement (voyez p. 24).

## PLANCHE III

**Carte du chaînon de São Luiz—Palmella et de l'anticlinal du Viso.** Echelle 1 : 25.000, équidistance, 20 mètres. Ces indications ont été placées par erreur au-dessous de la gamme du profil.

Cette carte est réduite de celle de l'Etat-Major. Les cotes avec indication du point sont empruntées à cette dernière, tandis que les autres sont indiquées d'après les courbes de niveau.

Il a été supprimé les mots *quinta* (grande ferme avec maison de maître), *casal* (maison de paysan), et *moinho* (moulin), qui dans les cartes portugaises précèdent généralement la désignation de ces bâtiments. Les puits n'ont pas été indiqués, et les sources ont été représentées par un même signe, tandis que la carte de l'Etat-Major distingue par des signes différents celles qui naissent naturellement de celles provenant d'un captage et qui sont conduites à un bassin. Les premières sont très rares dans cette feuille.

Les traces de profils correspondent aux planches IV et VI.

**Silhouettes comparatives des collines de São Luiz, de Gaiteiros et de Palmella.**—L'explication des couleurs est au coin gauche de la feuille.

## PLANCHE IV

### Profils généraux

Echelle 1 : 10.000, hauteurs et distances, pour toute la planche. Voyez la légende de pl. III et ajoutez :

$J^4$ Néo-Jurassique.—Marnes rouges et graviers.

$J^3$ » Alternance de marnes et de conglomérats compacts.

$J^2$ » Marnes, calcaires argileux et conglomérats.

$J^1$ Lusitanien.—Calcaires blancs.

La trace des profils A, B, C est indiquée dans la carte, pl. III.

Profil A.—**Écaille de Palmella.**

Profil schématique, réunissant les traits les plus importants. La trace indiquée sur la carte, pl. III, n'est qu'approximative, les traits principaux (récif de Sinémurien, redressement des couches au château et à S. João) ne se trouvant pas sur une même ligne. Le contact du Jurassique et du Tertiaire représente un plan plus occidental que celui de la silhouette.

$M^{2a}$ entre le château et S. João, appartient à la partie la plus élevée de l'Helvétien.—Pour le détail de Baixa-de-Palmella, voyez les profils I à V, pl. VI.

Profil B.—**Anticlinal de Gaiteiros.**

Pour le détail de l'extrémité méridionale, voyez les profils VI à XII, pl. VI.

Profil C.—**Anticlinaux de S. Luiz et du Viso.**

Détails du Viso, profils XX à XXIV de cette même planche, ceux du S. Luiz sont à pl. VI.

Le monogramme $J^2$ sur le flanc méridional du S. Luiz devrait être renversé.

Profil D.—**Anticlinal du Formosinho.**

L'emplacement de ce profil n'est pas compris dans une carte détaillée. Il suit une ligne droite, dirigée de N.W. à S.E., passant par les maisons orientales de Villa-Nogueira, et se terminant au bord de la mer, près du four à chaux au N.E. de Portinho.

Pour le détail de l'anticlinal du Formosinho, voyez pl. V.

### Anticlinal du Viso

Profils se succédant du N.E. au S.W., contrairement à ce qui a été adopté pour les autres séries, afin de mieux faire ressortir le recouvrement du noyau compact par les conglomérats.

Les profils sont en ligne droite, et superposés suivant une ligne passant par le signal de Nico et le moulin de Valentim; leurs traces (indiquées dans la carte, pl. III) sont à peu près parallèles.

Profil XX.—Ce profil coupe obliquement, et à deux reprises, la ceinture miocène au N.W. et au S.E., c'est-à-dire après sa courbure à l'extrémité de l'anticlinal, trajet sur lequel le Burdigalien et l'Helvétien inférieur ont disparu par suite d'une faille.

Il est presque en continuation du profil XI de Serra dos Gaiteiros, pl. VI.

Profil XXI.—Ce profil forme la suite du profil XIII, coupant la serra de S. Luiz (pl. VI).

Profil XXII.—Le noyau de l'anticlinal a reçu la couleur de l'Infralias, mais comme je l'ai exposé p. 17, je ne suis pas certain de l'âge de ces marnes.

Profil XXIII.—Parfaitement découvert dans les carrières du four à chaux.

Profil XXIV.—Composé de la partie nord de la trace XXIV et, à partir du Nico, de la partie méridionale du grand profil C.
Dans ce dernier, le figuré de l'intérieur de la montagne représente un plan intermédiaire entre ceux des profils XXIV et XXIII.

## PLANCHE V

### Anticlinal du Formosinho

Profils dirigés du N.W. au S.E. et se terminant à l'Océan, sauf fig. 9, qui est une vue coupe orientée du S.W. au N.E. La ligne de terre de toutes les figures est le niveau de l'Océan.

Pl. —Pliocène.
M².—Helvétien (M²'' Helvétien supérieur).
M¹.—Burdigalien.
O. —Oligocène.
C. —Valanginien (graviers).
J³.—Marnes et graviers du Néo-Jurassique supérieur.
J².—Marnes, calcaires et conglomérats du complexe marino-saumâtre.
J¹.—Calcaires lusitaniens.
B².—Bathonien (calcaires blancs).
B¹.—Calcaires à apparence de Bathonien, surmontés de bancs dolomitiques.
D⁵.—Dolomies bajociennes.
D⁴.—Marnes rouges et marno-calcaires à *Gervilleia*.

Fig. 1—Carrière à 100 mètres à l'Est de Galapos. Dans le ravin, on voit les dolomies argileuses (traits rapprochés) recouvrir le Tertiaire sur une profondeur de quelques mètres. Glissement ?

Fig. 2—Près de la maison de Galapos se trouvent de nombreux éboulis de calcaire dolomitique, mais la masse la plus grande, baignée par la mer, semble être en place (?) Le recouvrement du Tertiaire par les dolomies n'est pas visible.

Fig. 3—Vue coupe de la rive orientale du ravin, au Nord du plateau d'Anixa, prise de ce plateau.

Fig. 4—Vue coupe du flanc occidental du plateau d'Anixa et du récif «Pedra-d'Anixa». Voyez p. 55.

Fig. 5—Profil passant par le four à chaux de Portinho-d'Arrabida et par Picoto (cote 383). C'est l'extrémité du grand profil se terminant à Villa-Nogueira (pl. III, fig. D).—On remarquera la crevasse du bord du Miocène et le fossé situé plus bas. Ce dernier provient du décollement des calcaires du Jurassique supérieur, et non pas de la destruction d'une partie des derniers bancs du Bathonien, comme le dessin le ferait supposer.

Fig. 6—Profil à 400 mètres du précédent, découvert dans le ravin de S. João-do-Deserto et dans la vigne de Mr. Frederico Fernandes, à Portinho.—Le trait qui relie le toit du Bathonien avec le profil précédent est trop dévié vers la gauche.

Fig. 7—Profil passant à l'Est du Casal-do-Pimenta, et par Formosinho. Le Bathonien, puissant dans le profil précédent, a complètement disparu; les calcaires dolomitiques à fossiles du Bajocien supérieur (D⁵) reposent sur la partie supérieure des calcaires du Malm, renversés, ce qui est bien observable dans le chemin du couvent.

Vers le pied du versant (M²'') se trouve un gros banc de calcaire rose, empâtant des graviers, des cailloux et des huîtres tertiaires. Sur ce point, on hésite à le considérer comme plongeant vers le Nord avec le Jurassique, mais l'examen du reste de l'affleurement (p. 56) me le fait considérer comme étant superposé au Jurassique. C'est un peu plus au N.E. que se trouvent les perforations du calcaire jurassique par des Pholadidae et des Annélides tertiaires.

Fig. 8—Vue coupe prise dans le fond du ravin de S. Paulo, flanc gauche, à S. 30° W. de la chapelle de S. Paulo. Ce profil n'est séparé des profils encaissants, 7 et 10, que par une distance de 50 mètres.

Fig. 9 — Vue coupe du port d'Alpertuche, S.W.-N.E. — Par suite d'un changement de direction des strates, le Jurassique de l'anticlinal du Risco vient se terminer contre le rivage. Les calcaires du Malm sont recouverts directement par le Miocène affaissé, qui continue par Casal-do-Pimenta et forme la totalité de la colline de Santa-Margarida.

Fig. 10 — Profil passant par Cabeço do Guincho (= Cabeço do Solitario = cote 225 de la carte de l'Etat-Major). — La partie concernant le Mont'Abrão est faite d'après une photographie prise de la chapelle de São Paulo, représentant par conséquent le flanc droit du ravin. Elle montre le grand contraste avec le flanc gauche (fig. 8 et 7). Tous les calcaires blancs, même ceux du pied, ont l'aspect bathonien; ils n'ont pas fourni de fossiles, ce qui est une preuve de leur âge, car les calcaires lusitaniens du Formosinho en contiennent abondamment, dès la base. Je ne m'explique pas cette puissance anormale du Bathonien. — Le Cabeço do Guincho est bien visible depuis les hauteurs situées au S.W., mais les strates composant la vallée anticlinale ne sont que fort mal observables, à cause de la végétation.

Fig. 11 — Profil vers l'extrémité occidentale de l'anticlinal du Formosinho, passant par le Cabeço do Jaspe (cote 275 de la carte de l'Etat-Major), et coupant la ligne de faîte du premier à mi-distance entre El-Carmen et Alto-da-Pena.

Au sommet du Cabeço do Jaspe, les conglomérats du Malm reposent directement sur le Bathonien à *Rhynchonella Hopkinsi*, ce qui n'est pas le cas à une centaine de mètres à l'Ouest.

## PLANCHE VI

Orientation des profils N.W. à S.E., sauf pour fig. I à V. — Succession de N.E. à S.W. — Lignes de terre à 50 mètres au-dessus du niveau de la mer.

### Baixa-do-Palmella

Profil I. — Carrière dans le Sinémurien inférieur, surmonté de marnes rouges avec amas de gypse, selon toutes probabilités infraliasique.

Orientation : W. à E. — Le deuxième plan représente le fond de la carrière. Les déblais et les broussailles empêchent d'observer le contact du Sinémurien et du Malm, sur les côtés.

Profil II. — Petite coupe visible au coude du chemin de la carrière, à 100 mètres à l'Est de cette dernière. Elle montre les graviers blancs du Crétacique reposant sur un grès argileux, rose, probablement de même âge, et recouverts par les conglomérats du Malm. En *eb* se trouve du calcaire miocène, paraissant tombé de l'escarpement.

Profil III. — Profil traversant la carrière du Nord au Sud. Les déblais du four à chaux empêchent de voir le contact du Tortonien avec les conglomérats du Malm. Le banc fossilifère du Tortonien n'affleure pas, mais les sables sont parfaitement caractérisés.

Profil IV. — Profil N.-S., passant à environ 100 mètres du précédent, par la colline portant la cote 109, indiquée par lapsus dans le profil comme 110. — Le banc fossilifère du Tortonien est bien découvert, ainsi que dans le profil suivant; il forme relief au-dessus des sables et supporte la série suivante, pouvant appartenir à l'Oligocène, au Crétacique ou au Jurassique, ou peut-être même au facies caspique du Tortonien, mais l'Infralias est exclus de ce profil.

1, Marnes rouge brique. — 2, graviers roses. — 3, marnes rouges.

Profil V. — Coupe à environ 300 mètres au S.W. de la carrière. — Le gypse est bien découvert au bord de la route, par deux fouilles; il est séparé du Tortonien par des graviers roses (c) dont l'âge présente les mêmes doutes que les couches 1 à 3 du profil précédent.

(Voyez en outre le profil général de l'écaille, A pl. I et la carte, pl. II).

### Anticlinal de Gaiteiros

Profils dirigés du N.W. au S.E. — Les traces de VI et de VII sont indiquées dans la carte.

Profil VI. — Santo-Antonio. — Le chemin au Nord de la chapelle montre les dolomies, en apparence verticales, recouvertes par les conglomérats du Malm plongeant sous un angle de 45° vers le Nord.

Les dolomies s'avancent jusque sous la chapelle, tandis que le flanc S.E. de la colline est formé par une terre rouge qui se voit aussi dans les ravins des deux côtés de la colline. Le plateau dolomitique est donc superposé à cette terre rouge, mais sur l'autre versant du ravin, se trouvent les sables tortoniens avec concrétions, plus haut que cette terre rouge.

A 60 mètres au N.W. de la chapelle, la dolomie a fourni la faune à *Pecten pumilus*, mais à l'Ouest elle est en partie terreuse et contient un banc de marne rouge annonçant l'Infralias, ce qui fait supposer que les flancs de la colline en sont formés, tandis que j'ai reconnu le sable rouge du Tortonien sur tous les points où j'ai pu voir la roche non remaniée.

Profil VII. — Flanc septentrional du ravin au Nord du couvent de «Capuchos». — 1 à 5, Tortonien, voyez p. 35. La couche 5 a été teintée de violet lorsque je la croyais encore infraliasique.

$D^1$ Dolomie terreuse à la base, m'ayant fourni une plaquette couverte de moules d'*Isocyprina* de l'Infralias. Ces dolomies paraissent fortement relevées, et plonger vers le Sud. Celles qui se trouvent de l'autre côté du ravin sont plus compactes, et ont fourni une abondante récolte de fossiles des couches à *Pecten pumilus*. Le couvent est sur du tuf qui masque la roche sous-jacente.

Profil VIII.— Carrière à 150 mètres au S.W. du couvent de «Capuchos».

Comme dans le profil précédent, le Tortonien est formé à la base par des sables blancs, surmontés de sables rouges, mais au lieu d'être recouverts par la dolomie infraliasique, il s'intercale entre deux un paquet de conglomérats du Malm, comme c'est le cas à Baixa-de-Palmella.

Je n'ai pas pu discerner le plongement de la dolomie, qui présente de nombreuses crevasses. Elle est recouverte par des marnes rouges ayant plutôt l'aspect du Malm que du Trias, et celles-ci par les conglomérats bien typiques.

**Éperon de Boqueirão**

Profil IX.—Profil passant par le moulin à vent du Casal-Boqueirão et le fond du ravin de Fazendinha. (La maison de Fazendinha ne figure pas sur la carte; elle devrait être à gauche de *F*, à l'extrémité de l'affleurement dolomitique). —Les sables tortoniens se voient dans le lit du ravin, à l'Est de la maison.—Le sommet des conglomérats néo-jurassiques est bien découvert vis-à-vis de Quinta-do-Bandeira (2ᵉ maison au nord de *F* de Fazendinha), dans le fond du ravin et sur son flanc gauche. Leur base est masquée par les éboulis et la végétation, mais un puits, à 30 mètres de Fazendinha, montre des marnes paraissant appartenir à leurs strates inférieures. La présence d'un lambeau de Crétacique n'est pas exclue.

Une partie du profil X a été reproduite au-dessus de IX afin de faire voir la superposition des dolomies liasiques sur le Néo-Jurassique.

Profil X.—Profil passant comme le précédent par le moulin du Casal-Boqueirão, mais suivant le dos de l'éperon dolomitique séparant le ravin de Fazendinha de celui de Flamenga.

La largeur de cet éperon n'atteint pas 100 mètres.—L'extrémité méridionale est formée par le Sinémurien (calcaire siliceux, en plaquettes) comme c'est le cas à l'extrémité du toit dolomitique de Pae-Mouro.—Les dolomies tendres supérieures aux marnes rouges du fond du ravin, ont fourni des moules de Lamellibranches hettangiens.

Profil XI.—Profil passant par le ravin de Flamenga, limitant l'éperon précité vers le S.W.

Voyez la description des couches tertiaires, pag. 34.

L'Infralias est formé par des marnes rouges avec dolomies cloisonnées. Les dolomies qui les recouvrent sont fracturées et disloquées; elles ont en partie la texture des calcaires sinémuriens, en partie celle d'une brèche. La superposition au Néo-Jurassique est bien visible dans le chemin qui relie le four à chaux de Pae-Mouro au moulin de Boqueirão.

**Ravin de Pae-Mouro**

Pour comparer ces profils sur le terrain, on doit se porter alternativement sur les sommets opposés.—Les traces sont indiquées dans la carte.

Profil XII.—Flanc gauche du ravin de Pae-Mouro, montrant la coupe visible dans le chemin et le peu que les éboulis laissent voir dans le thalweg.

La voûte septentrionale est exploitée dans une grande carrière, dont les déblais masquent les marnes infraliasiques, qui sont par contre bien visibles sur le flanc droit du ravin.

Contre le jambage méridional de cette voûte s'appliquent des bancs dolomitiques, verticaux, contenant des marnes que je considère comme infraliasiques. Elles sont pincées entre deux bancs de dolomie coupés obliquement au sommet par d'autres bancs superposés, tandis qu'à la base ils plongent vers le Sud et se montrent dans le thalweg. Les dolomies forment donc un pli couché au milieu duquel se trouvent les conglomérats néo-jurassiques, bien visibles dans le chemin au Nord du four à chaux, et qui continuent jusqu'à un petit lambeau de Crétacique en contact avec les sables tortoniens.

On ne voit pas si les dolomies précitées sont liées à celles qui supportent la maison de Pae Mouro, mais ces dernières paraissent avoir leur continuation dans une petite carrière située au Sud du bassin d'irrigation et dont les dolomies n'atteignent pas la hauteur du chemin. Ces dolomies produisent une chute brusque du thalweg dont toute la partie inférieure montre les marnes rouges, tortoniennes, à apparence d'Oligocène.

Ces marnes sont un peu masquées dans la plaine, mais elles paraissent s'étendre jusqu'aux alluvions de Casal do Pedro, au delà desquels affleurent les sables blancs du Tortonien, reposant sur l'Helvétien supérieur qui, au Sud est en contact direct avec l'Oligocène.

Profil XIII.—Flanc droit du ravin de Pae-Mouro.

(Le rocher du Padrão porte le monogramme B¹ au lieu de D¹).

Au Sud de la voûte septentrionale, il semble y avoir une surface gauche recouverte par des marnes rouges et bleues semblant infraliasiques. Près de la mine d'eau, un rocher est formé par un calcaire rouge, vacuolaire, ayant l'apparence de calcaire d'eau douce; je ne connais rien de semblable dans le complexe dolomitique. Il fait naître la supposition que les rochers dolomitiques supportant la maison ne sont qu'un vaste éboulis reposant sur le Tortonien, tandis que l'étude de l'autre flanc du ravin semble prouver le contraire.

Les conglomérats néo-jurassiques sont bien visibles de chaque côté du rocher du Padrão, tandis qu'immédiatement au Sud de la maison de Pae-Mouro, on voit des graviers blancs, probablement crétaciques, que les éboulis masquent sur la ligne du profil dessiné. Au milieu de ces éboulis se trouvent de nombreux quartzites provenant peut-être du Crétacique; il est du reste possible que ces éboulis masquent aussi le prolongement des marnes rouges, tortoniennes. Cette supposition est indiquée dans le profil par O ? au lieu de M² ?

Contrairement à ce qui a lieu dans le profil précédent, l'Helvétien supérieur paraît manquer, tandis que l'Helvétien inférieur et le Burdigalien sont bien développés, et que ce dernier semble être en contact normal avec l'Oligocène, malgré son redressement voisin de la verticale.

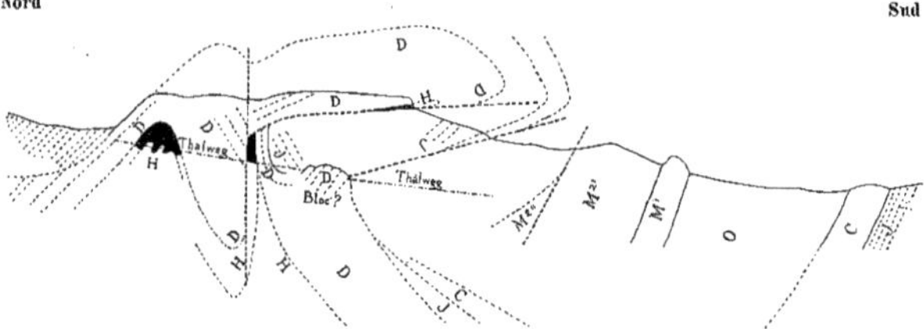


Figure schématique du double accident de Pae-Mouro. — Explication des monogrammes voyez pl. III

**Serra de S. Luiz**

Voyez le profil longitudinal, pl. I et la silhouette, pl. III. — Les traces sont indiquées dans la carte, sauf celles des figures XVIII et XIX.

Profil XIV. — Profil passant à 900 mètres du précédent, coupant le complexe dolomitique dans sa plus grande largeur, et montrant des lambeaux de calcaire blanc sur le flanc nord et dans la partie supérieure du flanc méridional. Ce dernier lambeau fait supposer la présence d'une faille longitudinale, qui semble aussi exister au Sud du signal.

Une autre dislocation longitudinale passe probablement vers l'extrémité méridionale des dolomies, en D¹, où les calcaires en plaquettes avec lits de silex, à peu près horizontaux, sont en contact avec des calcaires de même nature, en feuillets ondulés et presque verticaux.

Au Sud de ces derniers se trouve une dolomie massive, sur le pourtour de laquelle on voit les conglomérats néo-jurassiques. Il semble que cette dolomie n'est pas en place. — Au-dessus du profil, j'ai indiqué la position du lambeau de Néo-Jurassique qui partage la montagne en deux parties; ce lambeau se trouve à l'Ouest du profil, donc entre les profils XIV et XV.

Le profil C, pl. IV, passe entre XIV et XV, à 150 mètres du premier.

Profil XV. — A 750 mètres de XIV, passant par le point le plus élevé de la montagne, qui est en même temps la partie la plus étroite du complexe dolomitico-bathonien, tandis que le profil XIV passe par la partie la plus large.

Au pied nord se trouve un éperon de conglomérats néo-jurassiques qui se sont déposés directement sur le Bathonien.

Au pied de l'escarpement formé au Sud du signal par les calcaires et les dolomies composant la base du Bathonien, ces derniers ne semblent pas reposer normalement sur le complexe dolomitique. On n'y voit pas la place nécessaire aux couches à *Pecten pumilus*, et les strates présentent par places une inclinaison brusque qui me fait supposer la présence d'une faille longitudinale.

Des brèches puissantes, en majeure partie composées de cailloux bathoniens, masquent le Néo-Jurassique sur la ligne du profil, mais il est observable plus à l'Est, à l'altitude approximative de 300 mètres, tandis que les marnes infraliasiques, avec plaquettes fossilifères, se montrent à l'Ouest, à l'altitude de 200 mètres.

Profil XVI. — A 800 mètres du précédent, en dehors du noyau dolomitique, et présentant un relief beaucoup moins accentué.

Les éboulis empêchent d'observer les strates entre le four à chaux supérieur et le Miocène, mais il me semble incontestable que les marnes rouges, contiguës à ce dernier, appartiennent à l'Oligocène, ces marnes sont par places recouvertes par des lambeaux de sables tortoniens.

Profil XVII. — A 400 mètres du précédent.

Profil de la colline de Rego-d'Agoa, pour faire voir la dislocation de Cruz-da-Legoa qui forme la continuation de l'anticlinal de S. Luiz. Etirement et disparition totale ou partielle du Miocène, de l'Oligocène et du Crétacique.

Sur la hauteur, au lieu de M³'' lisez M²''.

Profil XVIII. — La même dislocation, à 400 mètres de Horta-Velha.

Profil XIX.— Idem, à 50 mètres au Nord de Horta-Velha, à la jonction des deux ravins.— On y voit un lambeau de Crétacique, et l'Oligocène a presque toute sa puissance, tandis que dans les deux profils précédents, il est à peu près limité aux strates calcaires de la partie supérieure.

La trace de ces deux derniers profils n'est pas indiquée dans la carte.

## PLANCHE VII

### Flanc méridional de l'anticlinal du château de Cezimbra

Fig. 1.— Extrémité septentrionale de la colline de Forca, prise de l'écurie de l'ancienne mine de gypse, au Sud de Sant'Anna. (Profil schématique 1, p. 46-bis; en sens inverse).

H. Hettangien (Marnes rouges et dolomies).

M. Calcaires du Malm, en bancs épais.

N. Idem, en bancs minces (sommet).

G. Marnes rouges et grès du Ptérocérien.

t. Teschénite.

La limite entre les marnes de l'Hettangien et celles du Ptérocérien traverse obliquement, depuis la base des calcaires, au-dessus du monogramme H le plus à gauche, jusqu'au sommet du 3e arbre au bord de la route, en partant de la gauche.

Cette vue est répétée sur la vue d'ensemble, pl. IX

### Cap d'Espichel

Fig. 2.—Vue prise du sommet de Rochadouro; la baie qui commence au bas de la figure porte le nom de Lagosteiros.

## PLANCHE VIII

### Flanc méridional de l'anticlinal du château de Cezimbra

Vue du flanc septentrional de la colline de Palames, prise du flanc méridional de la colline du château. (Profil schématique 4, p. 46-bis).

Au deuxième plan, on voit l'anticlinal du fort de Cavallo et les collines du Cintrão et du Pedrògão (coupe schématique, profil 5 p. 46-bis).

Au troisième plan, on aperçoit à peine l'anticlinal du Burgao.

H. Marnes hettangiennes.

D. Dolomies liasiques.

M. Calcaires du Malm avec des masses de dolomies (m).

G. Ptérocérien.

t. Teschénite.

## PLANCHE IX

### Vue d'ensemble du flanc méridional de l'anticlinal du château de Cezimbra

On voit de droite à gauche: 1° l'extrémité septentrionale de la colline de Forca, prise plus obliquement que sur planche VII et montrant le paquet de calcaire (M) s'étendant depuis l'écurie de la mine de gypse jusqu'à la route (voyez p. 47).— 2° l'extrémité méridionale de la même colline, surmontée d'un moulin à vent.—3° la colline du château (profil schématique n.° 3, p. 46-bis).— 4° la colline du Cintrão (la colline de Palames est masquée par celle du château).

On voit en plus, à droite, le paquet de Ptérocérien de Casal-da-Serra et à gauche l'affleurement de teschénite du fort de Cavallo.

Pour les monogrammes, voyez l'explication de planche VII

## PLANCHE X

### Ecaille de Palmella

| | |
|---|---|
| Jaune vif............ | Tortonien |
| Jaune faible......... | Burdigalien et Helvétien |
| Orangé.............. | Oligocène |
| Vert................ | Crétacique dans la 2e figure, grès d'âge douteux dans la première |
| Bleu faible.......... | Conglomérats néo-jurassiques |
| Bleu foncé........... | Calcaires sinémuriens (fossilifères) |
| Violet.............. | Marnes rouges avec gypse (Hettangien) |

Fig. 1. — Vue du flanc S.W. de la colline, prise du flanc oriental de la colline de Gaiteiros.

La phototypie permet de reconnaître l'inclinaison des strates, qui plongent toutes vers le Nord. Au deuxième plan, on voit la carrière sinémurienne de Baixa-de-Palmella, avec les marnes gypsifères qui la recouvrent (profil III, Pl. VI).

Au premier plan, on voit les marnes gypsifères du croisement des deux routes, reposant sur les grès d'âge incertain (Profil V, pl. VI et pag. 65) et ceux-ci sur les sables tortoniens, avec banc fossilifère.

Comme on le remarque dans les deux vues, la ligne de contact anormal coïncide sur la majeure partie de son parcours avec l'ancienne route de Palmella.

Fig. 2.—Vue prise du versant au-dessous des moulins de Serra-do-Loiro, faisant voir tout le flanc occidental de la colline, mais l'emplacement de la carrière sinémurienne de Baixa-de-Palmella ne se devine que par la forme du pin qui la surmonte.

Cette vue montre les strates au Nord du château, qui ne sont pas visibles dans la première. Nous remarquerons le Crétacique et l'Oligocène, recouverts par le Miocène se relevant aux deux extrémités: S. João et le château. La faille de S. João, qui est bien visible depuis Serra-do-Loiro, n'est pas discernable dans la phototypie.

Par suite d'une illusion d'optique, les strates miocènes au Sud du château semblent plonger vers le Sud, ce qui est contraire à la réalité, comme on peut le constater sur la première vue.

Le profil A de planche IV est une représentation schématique de cette vue.

# TABLE DES ILLUSTRATIONS ET DES PLANCHES, CLASSÉES GÉOGRAPHIQUEMENT

# TABLE DES MATIÈRES

PREMIÈRE PARTIE

## COMPOSITION DU SOL



### ROCHES ÉRUPTIVES, GYPSE, DOLOMIES, MÉTAMORPHISME



### SÉRIE SÉDIMENTAIRE

## DEUXIÈME PARTIE

# TECTONIQUE



## PREMIÈRE LIGNE DE DISLOCATIONS



## DEUXIÈME LIGNE DE DISLOCATIONS

## TROISIÈME LIGNE DE DISLOCATIONS ET ÉCAILLE DE PALMELLA



### RÉSUMÉ ET CONSIDÉRATIONS GÉNÉRALES SUR L'ENSEMBLE DE LA CHAÎNE

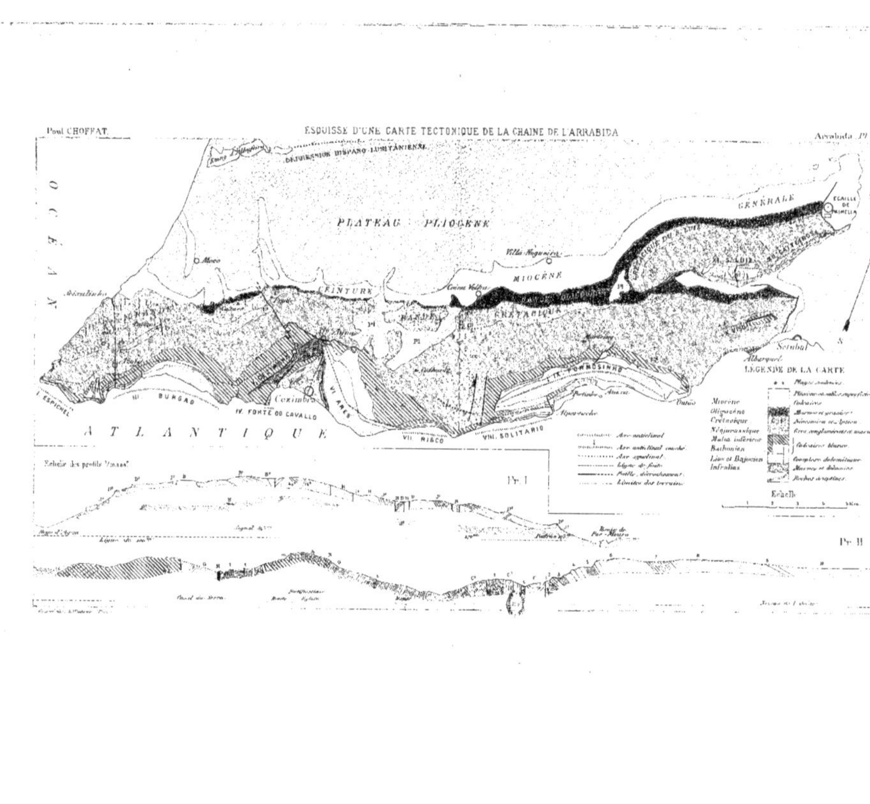
Paul CHOFFAT.
ESQUISSE D'UNE CARTE TECTONIQUE DE LA CHAINE DE L'ARRABIDA
DÉPRESSION HISPANO-LUSITANIENNE
PLATEAU PLIOCÈNE
GÉNÉRALE
ÉCAILLE DE PALMELLA
Villa Nogueira
MIOCÈNE
CEINTURE
BANDE
CRÉTACIQUE
O C É A N
A T L A N T I Q U E
I. ESPICHEL
III. BURGAO
IV. FORTE DO CAVALLO
Cezimbra
VI. ARES
VII. RISCO
VIII. SOLITARIO
IX. FORMOSINHO
Setubal
Albarquel
Outão
LÉGENDE DE LA CARTE
Miocène
Oligocène
Crétacique
Néojurassique
Malm inférieur
Bathonien
Lias et Bajocien
Infralias
Echelle
Pr. I
Pr. II

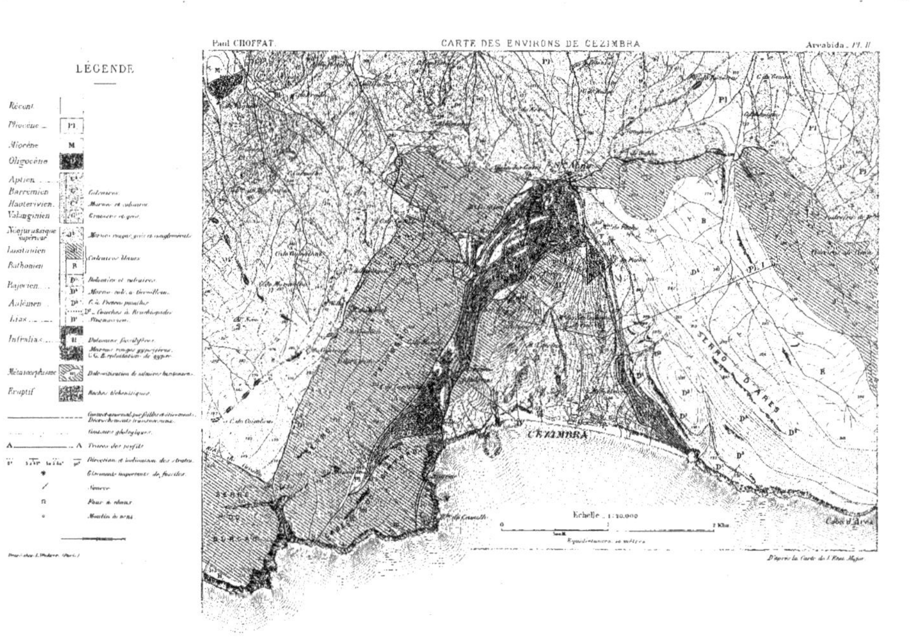
Paul CHOFFAT.
CARTE DES ENVIRONS DE CEZIMBRA
Arrabida. Pl. II
LÉGENDE
Récent
Pliocène
Miocène
Oligocène
Aptien
Barrémien
Hauterivien
Valanginien
Néojurassique supérieur
Lusitanien
Bathonien
Bajocien
Aalénien
Lias
Infralias
Métamorphisme
Eruptif
Calcaires
Marnes et calcaires
Calcaires blancs
Dolomies et calcaires
Couches à Brachiopodes
Tracé des profils
Direction et inclinaison des strates
Four à chaux
CEZIMBRA
SERRA D'ARES
Echelle 1:20,000

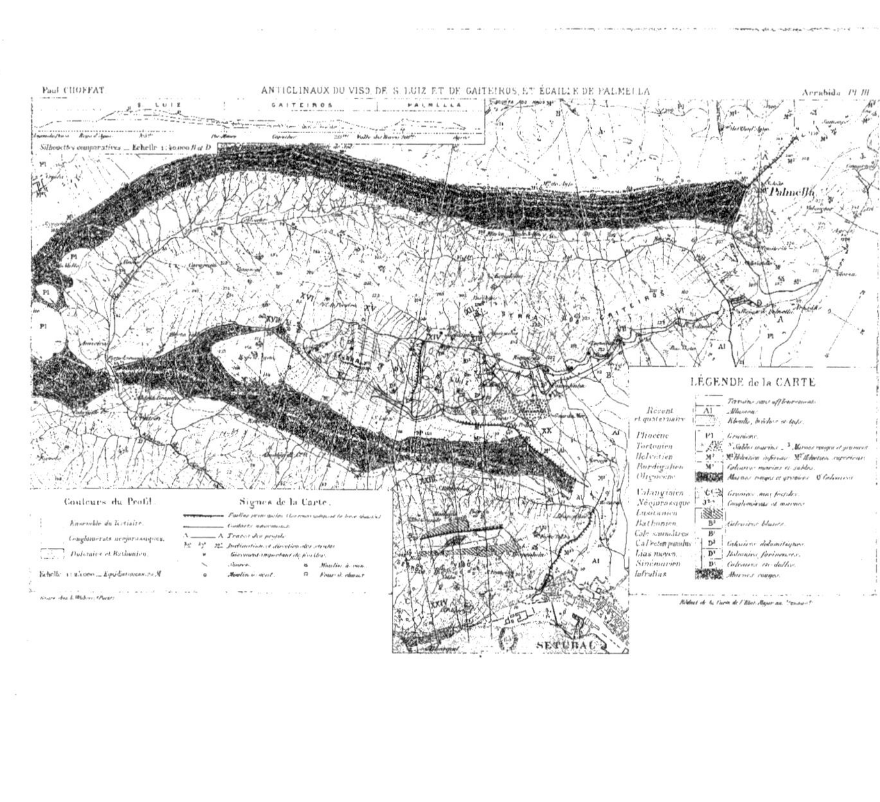
Paul CHOFFAT
ANTICLINAUX DU VISD. DE S. LUIZ ET DE GAITEIROS, ET ÉCAILLE DE PALMELLA
Arrabida Pl. III
Palmella
SETUBAL
LÉGENDE de la CARTE
Couleurs du Profil.
Signes de la Carte.

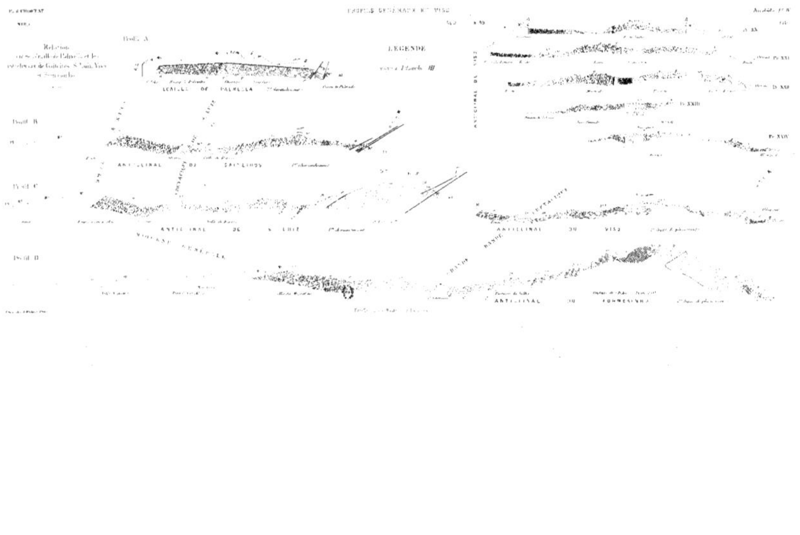

Profil A

LÉGENDE

Profil B

ANTICLINAL

Profil C

ANTICLINAL

ANTICLINAL

Profil D

ANTICLINAL

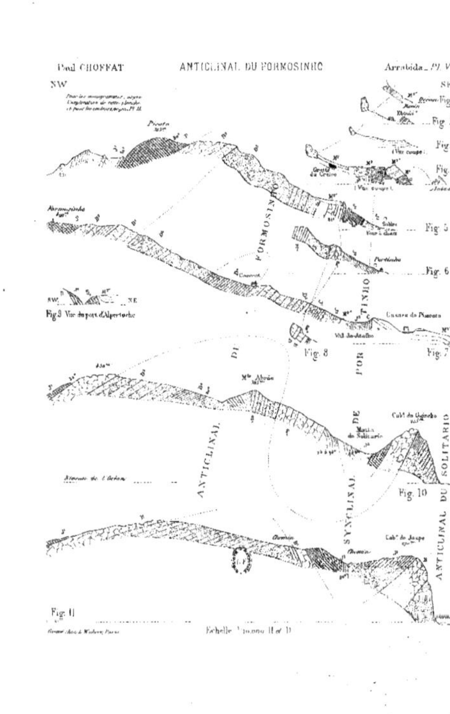
Paul CHOFFAT
ANTICLINAL DU FORMOSINHO
Arrabida_Pl. V
NW
SE
Fig. 1
Fig. 2
Fig. 3
(Vue coupe)
Fig. 4
Grotte du Crâne
(Vue coupe)
Fig. 5
Fig. 6
Portinho
Convent
Fig. 9 Vue du port d'Alportuche
SW
NE
Cuesta da Pincota
Fig. 7
Fig. 8
Mte Abrão
Cabo do Ugincho
Matta do Solitario
Fig. 10
Cabo de Jaspe
Fig. 11
ANTICLINAL DU FORMOSINHO
SYNCLINAL DE PORTINHO
ANTICLINAL DU SOLITARIO

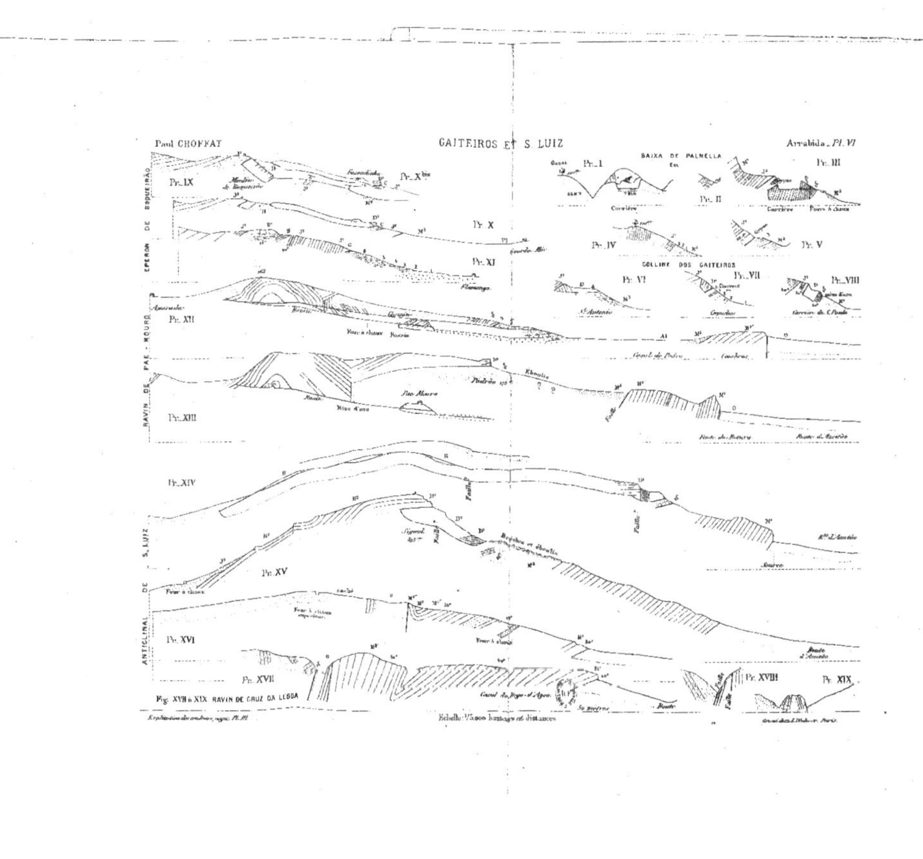

Paul CHOFFAT
GAITEIROS ET S. LUIZ
Arrabida _ Pl. VI
BAIXA DE PALMELLA
COLLINE DOS GAITEIROS
EPERON DE BOQUEIRÃO
RAVIN DE PAE-MOURO
ANTICLINAL DE S. LUIZ
Pr. I
Pr. II
Pr. III
Pr. IV
Pr. V
Pr. VI
Pr. VII
Pr. VIII
Pr. IX
Pr. X bis
Pr. X
Pr. XI
Pr. XII
Pr. XIII
Pr. XIV
Pr. XV
Pr. XVI
Pr. XVII
Pr. XVIII
Pr. XIX
Fig. XVII à XIX RAVIN DE CRUZ DA LEGOA
Échelle: 1/25000 hauteurs et distances

EXTRÉMITÉ SEPTENTRIONALE
DE LA COLLINE DE FORCA.

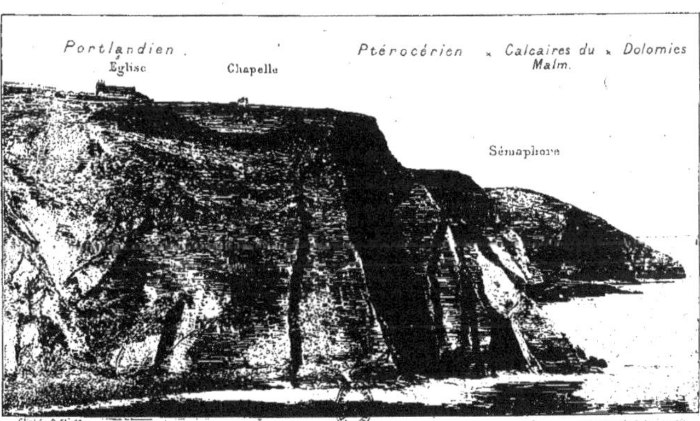


Clichés P. Choffat. Phototypie Sohier et Cie

LE CAP D'ESPICHEL, VU DU NORD.

Paul CHOFFAT

Arrabida _Pl. VIII_

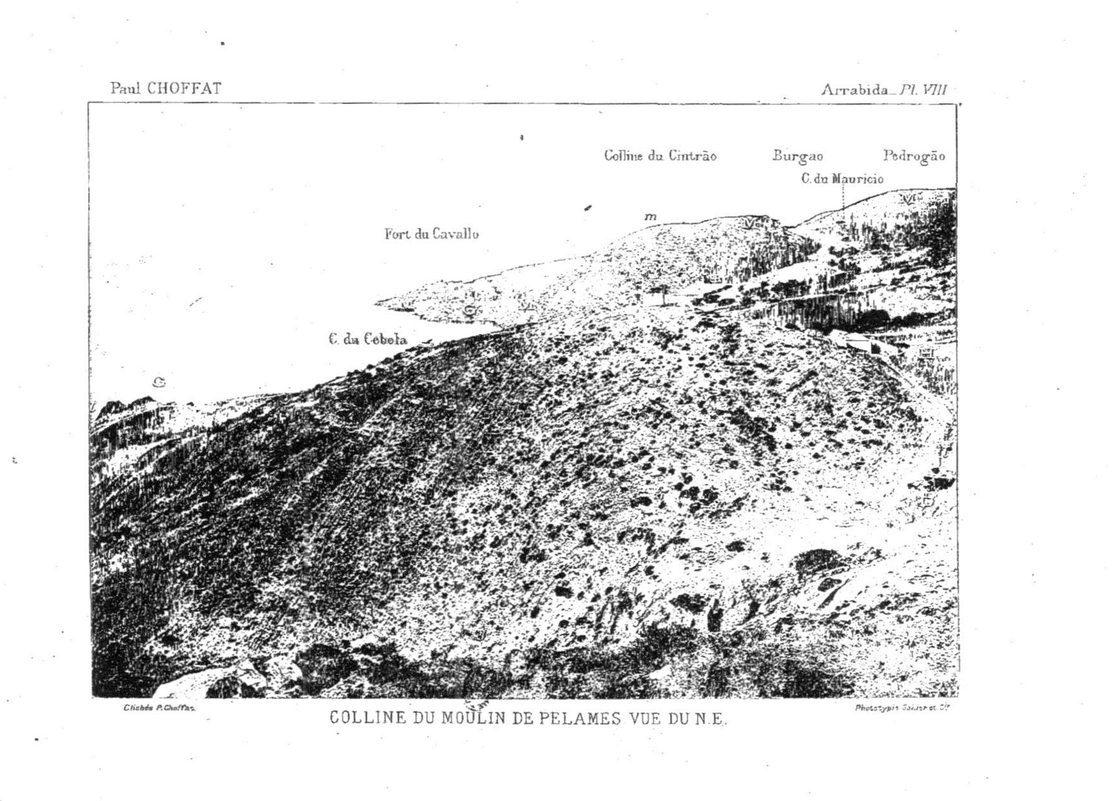


Cliché P. Choffat.

Phototypie Sohier et Cie

COLLINE DU MOULIN DE PELAMES VUE DU N.E.

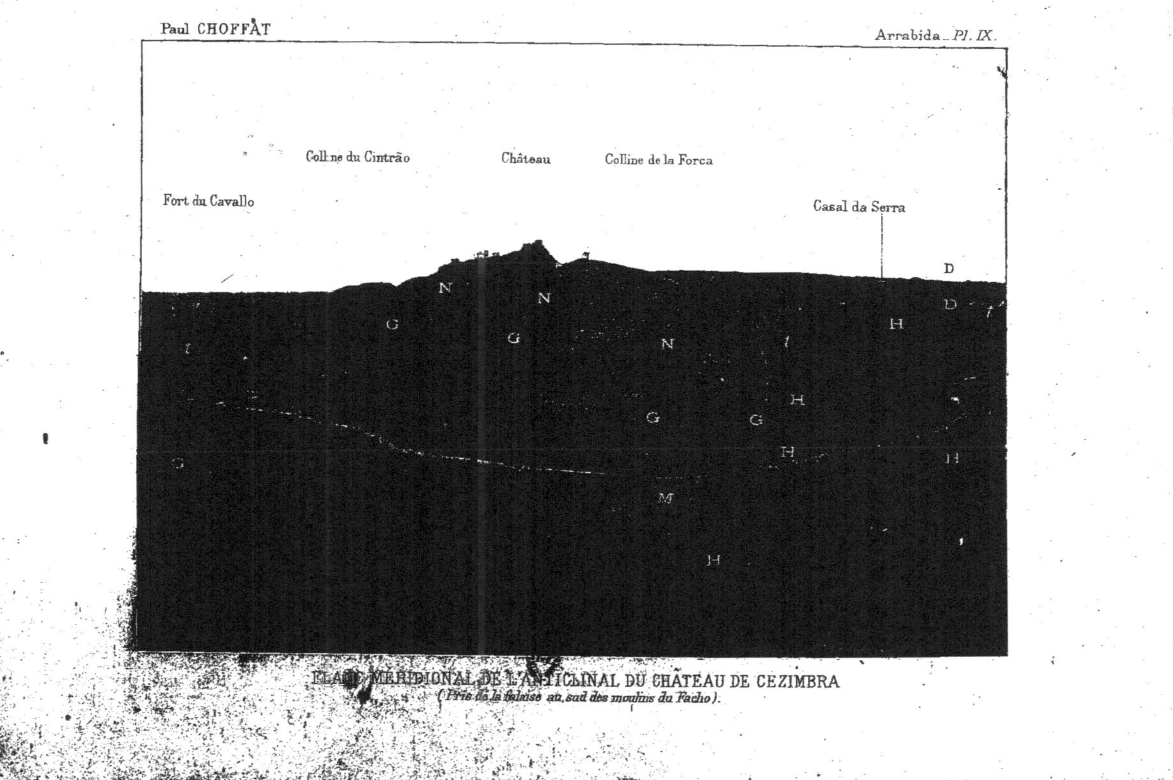


FLANC MERIDIONAL DE L'ANTICLINAL DU CHÂTEAU DE CEZIMBRA

*(Pris de la falaise au sud des moulins du Facho).*

ÉCAILLE DE PALMELLA

www.ingramcontent.com/pod-product-compliance
Ingram Content Group UK Ltd.
Pitfield, Milton Keynes, MK11 3LW, UK
UKHW021213220726
13924UKWH00003B/1500